本书受国家重点研发计划课题(2018YFC0213204)资助出版

污染气象学

廿一讲

蔡旭晖　宋　宇　编著

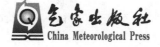
气象出版社
China Meteorological Press

内 容 简 介

本书介绍大气中与污染扩散有关的不同尺度气象学内容。从气象学基础出发,本书综合边界层气象学、微气象学、大气湍流等方面的研究成果,介绍污染物在大气中的输送、扩散和沉积等过程与规律,介绍大气扩散理论以及大气扩散的定量化描述方法。特别要说明的是,本书编排体例方面有两点特色,一是正文中夹有一些线框,以标记课堂中顺便提出的问题、注意点、或是附加扩展的内容;二是页眉标记了书名所称"廿一讲"的各讲位置。

本书可供大气环境和应用气象领域的科研工作者以及相关专业研究生、本科生参考。

图书在版编目(CIP)数据

污染气象学廿一讲 / 蔡旭晖,宋宇编著. — 北京 :
气象出版社,2021.8(2022.11 重印)
 ISBN 978-7-5029-7490-9

 Ⅰ.①污⋯　Ⅱ.①蔡⋯　②宋⋯　Ⅲ.①空气污染-环境气象学　Ⅳ.①X16

中国版本图书馆 CIP 数据核字(2021)第 134316 号

Wuran Qixiangxue Nianyi Jiang
污染气象学廿一讲
蔡旭晖　宋　宇　编著

出版发行:气象出版社

地　　址:北京市海淀区中关村南大街 46 号	**邮政编码**:100081
电　　话:010-68407112(总编室)　010-68408042(发行部)	
网　　址:http://www.qxcbs.com	**E-mail**:　qxcbs@cma.gov.cn
责任编辑:林雨晨	**终　　审**:吴晓鹏
责任校对:张硕杰	**责任技编**:赵相宁
封面设计:艺点设计	
印　　刷:北京建宏印刷有限公司	
开　　本:787 mm×1092 mm　1/16	**印　　张**:11.75
字　　数:300 千字	**彩　　插**:2
版　　次:2021 年 8 月第 1 版	**印　　次**:2022 年 11 月第 2 次印刷
定　　价:68.00 元

本书如存在文字不清、漏印以及缺页、倒页、脱页等,请与本社发行部联系调换

前　　言

　　污染气象学是气象学的重要应用分支,也是大气环境科学的重要组成部分。它研究污染物在整个大气过程中气象因子的作用,同时也研究污染物对气象过程的反作用。基于气象学的原理,尤其是边界层气象学、微气象学、大气湍流等方面的理论、方法和成果,污染气象学定量研究污染物在大气中的输送、扩散、稀释、转化和清除等过程与规律,其结果直接应用于大气环境影响评价、大气污染控制、环境规划管理和空气质量预测预报等实际工作。本书着重于学科基本内容和应用方面的介绍,主要有以下四个方面:

　　(1)气象学与大气边界层理论基础:介绍大气的结构、组成及基本气象学描述。

　　(2)大气扩散理论和应用:介绍中小尺度大气湍流扩散的理论、主要结论和应用条件,以及基于各理论的实用模式情况。

　　(3)实际大气扩散过程:介绍污染物的近源过程、污染物的沉积和清除、实际大气边界层和地表、地形条件的影响等诸因子的作用及在模式中的处理。

　　(4)污染气象学研究领域的发展:介绍当前和一段时期以来受到广泛关注的大气污染和大气环境问题中的气象因子及作用。

　　本书是在给环境科学专业研究生多年讲授这门课程的基础上编写而成的。由于环境科学跨的学科门类众多,很多学习这门课程的同学在本科阶段没有大气和气象方面的专业基础。本书对这种情况有一些特别的考虑:(1)在第二章进行气象基础知识的介绍,作为进入这一学科的过渡;(2)围绕湍流扩散的专业内容讲述边界层气象方面的必要知识;(3)内容尽量简练。希望这样可以使环境科学类不同知识背景的同学更容易学习课程的内容。另外,本书也注意文字语言尽可能直白通俗,接近课堂讲授的形式。特别要说明的是,本书编排体例方面有两点特色,一是正文中夹有一些线框,以标记教学中顺便提出的问题、注意点、或是附加扩展的内容;二是页眉标记了书名所称"廿一讲"的各讲位置。按 1 次授课 2 学时计,大致对应一学期实际授课 21 次的教学量,故名"廿一讲"。标出各讲位置,便于控制教学进度。

　　本书参考过陈家宜先生的教学手稿,特此说明并致谢。

　　本书受国家重点研发计划课题(2018YFC0213204)资助出版。

编者

2021 年 5 月

目　　录

第1章 概 论

　　污染气象学,英文是 Air pollution meteorology,通常译作"空气污染气象学",或简称"污染气象学"。从字面上理解,这是有关空气污染问题的气象学。显然这是一门应用气象学,正如海洋气象学、航空气象学、农业气象学等等一样,是针对某一专门领域或问题的学科。污染气象学针对的是空气污染。

　　参考《环境科学大词典》(1991),空气污染(或大气污染)可以定义为:人为或自然源排放的污染物质进入大气,达到一定的浓度并持续一定的时间,使大气的组成、结构和性态发生变化,影响了人体健康、扰乱和破坏了人类的正常生活环境和生态系统。也可参考英文文献的以下定义。

> Air pollution is defined as an atmospheric condition in which substances (air pollutants) are present at concentrations higher than their normal ambient (clean atmosphere) levels to produce measurable adverse effects on humans, animals, vegetation, or materials (Seinfeld, 1986).

　　一般来说,空气污染都强调其二重来源:人类活动的排放和自然过程的排放。人类活动的污染排放以工业燃烧、交通、农业生产等为主。人类活动造成大面积地表状态的改变,如森林和草地变为耕地,在干旱地区也可能增加地表沙尘排放。自然来源最典型的是干旱和沙漠地区的矿物沙尘排放,另外植物的挥发性有机物(volatile organic compounds,VOC)也是一类重要的自然排放。火山大规模喷发也会释放数额巨大的污染物进入大气。海面飞沫则释放海洋性颗粒物。

　　大气污染问题中污染物在空气中形成的浓度是一个关键。而描述浓度总与时间相关联。某些高浓度污染可以在极短时间内造成重大伤害。低浓度污染在短期内的损害不易察觉,但长期暴露可造成慢性损害。

> [问题]什么是暴露(exposure)量? 可以认为是浓度的时间积分,或称时间积分浓度。一定条件下,用暴露量可以更好地反映受体的潜在危害。

　　空气污染对环境的损害,意义宽泛。最终落实到是否影响人类福利,包括健康、物质和精神的福利。一些属于边缘或隐蔽性的内容,如景观的改变、文物的侵害、生态系统的破坏等,都直接间接地影响人类的福利。

[问题]什么是"福利"?

　　从系统的观点看,空气污染系统包含 3 个子系统,分别是污染物的排放源、大气过程和环境受体。各子系统相对独立,又密切相关;大致有上下游关系,但也可以有反馈作用。污染气象学的主要内容集中在中段的大气过程,也就是污染物进入大气后的扩散、迁移、转化、去除等,包括物理和化学的过程。学科也会延伸到子系统上下游的交接部分,如源排放初始过程的影响,空气质量的某些显著环境效应等。

[问题]了解"系统与反馈"。

　　污染物在大气中经历的过程十分复杂。这由大气过程本身的特点所决定。所有大气过程实际由大气辐射、大气动力和大气化学这"三驾马车"所决定。污染物只是参与到这些过程之中。多数情况下,污染物被动地受这些过程影响,如动力过程决定污染物的输送扩散。但污染物也可能对原本的大气过程产生反馈作用,如目前很受关切的辐射强迫(forcing)效应等。在大气化学领域,污染物的主动参与、反馈程度似乎更高些。

　　据说人类活动造成的空气污染可以追溯到古罗马时代。污染空气的"烟"与"尘"似乎从来就与繁华大都市联系在一起。这方面中国的古籍也多有记载。例如公元五八九年,中国南朝陈后主陈叔宝的都城,"春,正月,乙丑朔,陈主朝会群臣,大雾四塞,入人鼻,皆辛酸,陈主昏睡,至晡时乃寤"。可见当年江南地区经历了一次严重的空气污染过程:正月初一,浓雾中空气闻起来又辣又酸,陈后主(在规定的)上朝时间竟一直昏睡,到下午才醒过来(司马光,2015)。近代工业革命以来,严重的空气污染事件频频出现。20 世纪 50 年代的英国伦敦烟雾事件最为著名。雾都伦敦的烟和雾混为一体,甚至因此而派生出"烟雾"(smog)这一英文单词。几十年后的中国也面临类似的情况。如 2013 年 1 月的严重空气污染影响了中国东部的广大地区,首都北京也深受其害。频发的污染事件在中文里催生了一个学术上不严谨的新词"雾霾",这与英国污染事件形成的"烟雾"一词很有异曲同工之处。

[问题]了解伦敦烟雾与北京雾霾事件。

　　污染气象学关心的对象虽然是空气污染,但其本质内容却是气象学。可以认为这是有关大气污染问题的气象学,或者是气象学在大气污染问题中的应用。因此有必要了解什么是气象学。

　　一般认为,气象学是专门研究大气现象、过程及演变规律和机制的学科。由于气象过程与人类社会及个人日常生活都密切相关,对它的认识、了解过程也历史久远。现象学的观察、资料和经验的积累是早期气象学的主要内容。现代气象学则在过去 4 个世纪中,实现了从定性描述学科到定量科学的转变。标志性的是:17 世纪有关气体的研究和牛顿力学的建立;19 世纪热力学和辐射理论的形成;20 世纪锋面气旋理论以及大气声光电学的发展(Board on Atmospheric Sciences and Climate, US National Research Council,1998)。这得益于几个主要的方面。一是气象观测方法的发展使得对气象要素的描述实现了定量化,大范围观测网的建立则可以获得气象场信息。二是电信技术可以使观测数据快速传递。第三是其他相关学科的发展为气象学进入定量化奠定了理论基础。的确,现代气象学是建立在流体力学、热力学、辐射,以及数学、计算技术等相关学科的基础上的。此外更具有专业针对性的是大气物理学和大气化学。

气象学研究面对的过程和系统极为庞大而复杂,是典型的多尺度非线性复杂系统。其应用面宽而广,从而有许多不同的专业分支方向,一如现在论及的污染气象学。

[问题]了解多尺度、非线性、复杂系统。

如前所述,污染气象学的主要内容集中于空气污染系统中段的大气过程子系统,研究污染物在整个大气过程中气象因子的作用,当然也研究污染物对气象过程的反作用(反馈)。作为一门目标明确的应用学科,污染气象学是环境科学的重要组成部分。相比而言,气象学是一门古老的学科,环境科学相对年轻。但环境科学,特别是大气环境科学的发展从来就与污染气象学相伴随。因此可以认为污染气象学是气象学这门老学科的新发展,但却是环境科学这门新学科的老成员。

[问题]环境科学的特点。如果细分,会怎样?

虽然只是一个学科分支,污染气象学包含的内容仍然十分庞杂。本课程集中于局地和中尺度的输送扩散过程,考虑的因子包括:风、湍流、边界层、地形、天气条件等。同时涉及一部分实际大气过程,包括实际排放过程(抬升等近源过程),沉降、沉积、清除过程,化学转化、介质间的迁移(地-气,海-气交换等)。另外简要介绍大尺度和全球大气污染问题,如污染物长距输送,痕量气体的平衡与变化(CO_2,O_3)等。

与其他所有学科一样,污染气象学的研究方法也大致为以下几种,即,现场观测和实验(探测与监测)、实验室模拟(物理模拟与化学模拟)、理论分析和数值模拟。观测实验获得现实情况和问题的第一手数据资料,新的发现往往蕴含其中。实验室模拟可以控制实验条件,有利于进行理想化和机制性的研究。理论分析一方面是对普遍规律性的总结与升华,另一方面也在于用现有理论认识去解释实际现象、过程和问题。这后一方面,数值模拟日益成为强大有力的手段和工具。

污染气象学的应用十分广泛。从区域性环境保护的角度来看,大气环境质量评价、城市及工业区建设发展规划、工业排放设施设计、环境标准的建立与修订都需要污染气象学知识的参与。另一方面的重要应用是解释空气质量现状,预报、预警大气污染事件。这些内容,许多已成为业务化的工作。在全球环境变化、环境外交方面也有诸多应用。

总体而言,现在污染气象学是一门定量化的学科。其发展历程是与其母体学科气象学本身的定量化历程相一致的。一定程度上,污染气象学的发展也大大丰富了气象学的内容。比如对湍流扩散过程、边界层以及大气稳定度等方面的认识。

从发展历史来看,早期定量化的污染气象学研究源于第一次世界大战时期。当时化学武器的实战使用需要考虑气象条件对毒气的扩散稀释作用(Pack,1964)。这可以说是该学科的原罪。不过由此获得的大气扩散信息后来在民用领域得到广泛应用。另一大大推动学科发展的事项则是核能利用工程。由于第二次世界大战末期核武器使用引起的放射性污染问题受到全社会的广泛关注和警惕,使得核电工程在一开始就对核污染泄漏问题高度重视,从而开展了卓有成效的大气扩散研究。二战后伴随着世界各国工业化的发展，广泛出现的大气污染问题成为推进学科持续发展的动力。其中具有深远影响的问题如酸雨、温室气体排放、臭氧层破坏等。这些问题不仅与气象有关，也与生态、社会、经济、政治、外交等复杂因素相交错。

从文献的角度，可以粗略了解学科的发展线索。在 1964 年，污染气象学仍未作为正式术语，而被称作"Meteorology of Air Pollution"（Pack，1964）。但到 1969 年，学科的框架已初步建立起来（Panofsky，1969）。这期间，《气象学与原子能》一书以兼具说明书、手册和教材的多重特点，将污染气象-气候学的庞杂内容尽收其中（Slade，1968）。其后，边界层高度对大气污染的重要性获得极大关注，其气候特征得到系统分析，并与平均风速一起构成大气污染潜势的重要测度（Holzworth，1972）。对大气湍流扩散理论与应用的系统总结，无疑集中表现在 Pasquill（1974）和 Pasquill and Smith （1983）的两版《大气扩散》（Atmospheric Diffusion）专著中。20 世纪 60—70 年代，是污染气象学相关内容极大发展的时期。在一份直到此时期的污染气象学重要事件流水账中，Heidorn（1979）把大气污染问题的时间追溯到公元前 2000 年。20 世纪 80 年代初。一个"大气湍流和污染模拟"（Atmospheric Turbulence and Air Pollution Modelling）研讨班请来一众专家讲座，课程材料整理出版，成为一部集大成式的经典文献（Nieuwstadt and Dop，1984）。另一方面，大气扩散的实验研究，也从早期的不同示踪物转向惰性的 SF_6 和考虑不同的源条件（Gryning，1981）。同期出版的"大气扩散手册"（Handbook on atmospheric diffusion，Hanna et al.，1981）将污染扩散的原理和方法以简练准确而且实用的形式呈现出来，极有参考意义。国内最早出版的《空气污染气象学原理及应用》（李宗凯 等，1985）成为这方面重要的参考书。其后有几部教材出现（Arya，1998；蒋维楣 等，2003a，2003b；Lazaridis，2011）。其中 Arya 的书内容全面深入，且结构也与本书接近。作为应用性很强的学科，当然也有针对应用方法的实用介绍（Eagleman，1991）和针对各类实际问题的应用指南（Schnelle and Dey，2000）。更多的文献则在大气污染问题或模拟应用的更大视野下介绍污染气象学（Zannetti，1990；Sorbjan，2003；Dabberdt et al.，2003；Steeneveld and Holtslag，2009），这也是一个值得注意的趋势。

总结污染气象学的发展历史和研究内容，可以分为以下几个方面。

（1）宏观定性的污染气象气候学。这其实是普通气象学在污染问题方面的简单延伸。气象学最关心天气过程，大尺度的天气形势和风、温、湿、降水等宏观参量首先直接用于分析与污染的关系。随后边界层高度、边界层通风系数、温度层结与大气稳定度等与污染扩散关系密切的参量也得到重视。而以小风、静止天气（air stagnation）为代表的空气污染潜势指数则对污染防控有一定的应用价值。这些参量的长期统计结果即构成一地或一个区域的污染气候背景特征。

（2）以局地为主的定量化的污染气象学。这也是本学科的经典部分，包括边界层与湍流基础、扩散理论与实验、模式定量化污染浓度计算等。

（3）中尺度模式污染气象学。这部分与中尺度气象和污染扩散模式的发展密切相关。现有的空气质量模式（或大气扩散模式）吸收了局地污染气象学的成果，并推广到中尺度范围。这时污染气象学已完全嵌入模式中，难以分割，而将边界层气象、中尺度气象、污染扩散和数值模式系统融为一体。

（4）大尺度与全球大气环境问题中的气象过程。污染物的全球输送、沉积、转化性质；中国或欧洲、北美这样大的区域内污染物输送特性；酸雨、臭氧层、温室气体、气候变化等问题中，都涉及气象过程的影响,需要研究并尽可能定量化。这些方面仍有很多工作要做。

如前所述,本书以上述第二方面为主,一、四方面也有所介绍。第三方面是专门的话题,目前只能分散到其他课程中学习。

第 2 章　气象学基础

　　本章的气象学仅针对地球大气的情况。因此首先了解地球的有关参数和地球上任意地点的定位描述方法。

　　需要说明的是，地球以外还有些其他的行星，也有类似的大气层。因此，地球大气的某些规律，特别是一些研究方法，原则上也可以应用到其他类似星球的大气过程。

2.1　地球与坐标

　　地球是一个相当圆的大球体，其半径约为 6371 km，自转周期 T 为 1 日(24 h)，公转周期为 1 a(365.25 d)。描述地球的自转需要用到角速度这一参量，其数值定义为：$\omega = 2\pi/T \approx 6.28/(24\ h) = 7.27 \times 10^{-5}\ (rad/s)$。与速度一样，地球转动角速度也是一个矢量，其方向以右手定则确定，与地球旋转轴平行，指向北。自转使地球赤道平面与公转平面形成固定的夹角约 $23°27'$(图 2.1)。

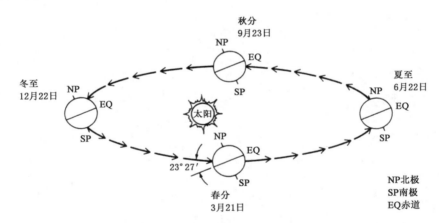

图 2.1　地球与太阳的空间关系（引自 Moran and Morgan,1989）
（太阳的位置是偏离中心的，图中特意夸大地表现出来）

　　地球表面任何一点的位置可以方便地由经纬度确定。与经纬度相关联的是几个地理概念，如赤道、南北回归线、极圈。纬度有自然的赤道和南北极作为参考点，经度需人为设定参考点。现在公认以英国格林尼治的经线为 0°，往东和往西分别为东经和西经。

　　作为居住在地球表面的人类，往往使用局地坐标描述当地现象和过程。以东—西、南—北、上—下描述当地的三维空间。由于地球足够大，这种描述通常有足够的精度。按照右手坐标系，取东和北为 x 和 y 轴，z 轴垂直朝上(图 2.2)。

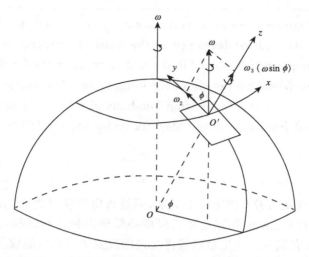

图 2.2　地球表面的局地坐标 $O'xyz$，以及地球自转的角速度 ω、角速度在局地坐标上的投影分量（ω_1，ω_2，ω_3）
（注意 ω_1 分量数值为 0）

　　作为参考，图 2.3 显示了太阳系各行星的大致尺度。地球是太阳系内较小的行星，也是轨道距离太阳较近的行星之一。

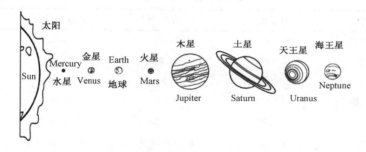

图 2.3　地球在太阳系内的位置及行星尺度比例示意图（引自 Lazaridis，2011）

2.2　地球大气概况

　　地球大气历史上一直在演变（Lazaridis，2011）。太始之初的大气与现在的大气是根本不同的。初始大气据认为主要是氢、氦和其他氢的化合物如氨、甲烷等，但后来都逃逸掉了，参见以下原文。

> The initial atmosphere of the Earth about 4. 6 billion years ago had a totally different composition than today's atmosphere. This initial atmosphere contained large quantities of hydrogen, helium and other hydrogen compounds such as ammonia, and methane is transported to space due to the flux of the solar wind, which is a huge flux of particles emitted from the Sun. The loss of this initial atmosphere occurred also due

to the extreme high temperatures which occurred in the planet. Gradually the forma-tion of a denser atmosphere developed as the Earth's temperature decreased. The es-cape of gasses which were dissolved in the molten rocks in the Earth created this second atmosphere. The whole process is called outgassing. The escape of gasses from the Earth's interior occurs also today from hundreds of active volcanoes. The main gasses which are emitted from volcanoes today are water vapour（80%）and carbon dioxide （10%）.

——Lazaridis（2011）

可见之后的古大气是由岩石圈中保留下来、通过火山喷发过程而二次形成的。地球经历了由炽热逐步冷却的过程，水汽和 CO_2 随着温度降低得以凝结和沉积，大气中最后留下了丰富的 N_2。古大气中没有氧气。是生命过程再次彻底改变了古大气的成分，变得如今这样富含氧气。

现在的大气可以分为可变成分和不变成分。基本维持不变的是所谓干洁大气成分（表2.1）。可变部分主要为水汽、气溶胶。人类排放的大气污染物也作为添加的可变成分参与到地球大气的物质循环中。

表 2.1　近地面大气成分

符号	名称	分子量	体积比(%)	质量比(%)	密度(g/m³)
N_2	氮气	28.0134	78.84	75.52	1250
O_2	氧气	31.9988	20.95	23.15	1429
Ar	氩气	39.948	0.93	1.28	1786
CO_2	二氧化碳	44.0099	0.03	0.05	1977
Ne	氖气	20.183	18.18×10^{-4}	120×10^{-5}	900
He	氦气	4.003	5.24×10^{-4}	8.0×10^{-5}	178
Kr	氪	83.8	1.14×10^{-4}	29×10^{-5}	3736
Xe	氙	131.3	0.087×10^{-4}	3.6×10^{-5}	5891
CH_4	甲烷	16.04	2.2×10^{-4}	—	717
H_2	氢气	2.016	0.5×10^{-4}	0.35×10^{-5}	90
O_3	臭氧	47.998	$(0\sim0.007)\times10^{-4}$	0.17×10^{-5}	2140
NH_3	氨	17.03	—	—	—
H_2O	水汽	18.015	$0\sim4$	—	—

从污染气象学角度来看，几种微量或痕量的大气成分倍受关注，如 CO_2，CH_4，H_2O 以及 O_3。它们与温室效应和臭氧层问题相联系。空气中的水汽还作为能量输运的载体、云的物质基础，参与全球辐射、物质、能量平衡以及天气、气候过程。因此水汽是地球大气能量—水文循环和平衡的重要物质。

[**大气的尺度**]水平方向以地球周长为度～4×10^4 km；垂直厚度以 10～100 km 为度，相对于地球半径，约为 1.5‰ 或 1.5%。

[**大气-水-固体地球的质量**]大气的总质量可以由海平面气压和地球总面积粗略估算，约 5.27×10^{18} kg；海洋和固体地球总质量对应为 1.35×10^{21} kg 和 5.98×10^{21} kg。

2.3　气象要素

　　带领现代气象学进入定量化科学领域的，除了理论原理，就是那些可以实际进行量化观测的气象要素。这些日常观测资料是现代庞大的气象大厦的基石。

　　最常见的气象要素包括风、温、压、湿、云、雨、能见度等。其他要素则有辐射、地温、蒸发、天气现象等。

　　(1)气温是一个宏观量。微观而言则是空气分子动能的大小。通常可用 3 种标度表示温度，即摄氏温度、华氏温度和绝对温度。三者关系如下：

$$\text{℃} = \frac{(\text{℉}-32)}{1.8}$$
$$\text{℉} = (1.8 \times \text{℃}) + 32 \tag{2.1}$$
$$\text{K} = 273.15 + \text{℃}$$

三者单位分别为摄氏度(℃)、华氏度(℉)和开尔文(K)。气象上的气温指地面附近 1.5 m 高度的百叶箱内观测到的温度。

　　(2)气压也是一个宏观量。微观上气压是空气分子运动的动量大小。气压基本单位为帕(Pa)。而 1 Pa = 1 N/m² ～ 0.1 kg/m²，是一个很小的单位，所以气象上常用的气压单位为百帕(hPa)。一个标准大气压为 1013.25 hPa。

[**问题**]气压也可理解为该点上方空气的总质量之和的重力，由此可估计大气的总质量以及各高度层上方大气的总质量。

[**问题**]气压的直接测量与水银气压表的发明有关。该发明还使人类首次了解到没有大气的真空。

　　(3)湿度是空气中水汽含量的量度。主要表达方法如下。

　　1)绝对湿度

　　绝对湿度(absolute humidity)，记为 c_q，有

$$c_q = \frac{m_w}{V_a} \tag{2.2}$$

式中，m_w 为水汽质量(g)，V_a 为空气体积(m^3)。

　　2)混合比

记混合比（mixing ratio）为 r，有

$$r = \frac{m_w}{m_d} \tag{2.3}$$

式中，m_w 和 m_d 分别为一定体积空气中的水汽质量（g）和干空气质量（kg）。

3）比湿

记比湿为 q，有

$$q = \frac{m_w}{m_a} = \frac{m_w}{m_d + m_w} \tag{2.4}$$

式中，m_a 为一定体积空气中的水汽质量和干空气质量之和，即总质量。一般水汽质量远小于干空气质量，因此比湿和混合比很接近。

除了上述量以外，其他还有水汽压 e、相对湿度 f、露点 T_d 等也可以用来表征湿度。其中日常使用最多的是相对湿度，它是空气的实际水汽压（e）与相同温度、气压条件下的饱和水汽压（E）之比：

$$f = \frac{e}{E} \tag{2.5}$$

当然，也可以认为相对湿度是实际混合比与饱和混合比之比，或者实际比湿与饱和比湿之比。可见前述三者表示空气中水的绝对含量，但相对湿度表示空气与饱和的关系。

> ［气体分压］混合气体的气压是各气体组分单独占有空间的分气压之和；因此水汽也有其分压。
>
> ［饱和的概念］空气相对于水面，如果进出水面的水分子数量达到平衡，即为饱和。也就是说，对不饱和的空气，水面会有蒸发。饱和随温度、气压等条件而变化；也决定于界面条件（物面、水面、冰面、甚至水面的曲率）。

由于饱和水汽压随温度而变化，相对湿度会有典型的日变化，且其变化规律与温度相反，如图 2.4。在这一天中，空气的绝对湿度可能没有什么变化。相对湿度的变化主要是由饱和水汽压（或饱和混合比）随温度的变化造成的，见表 2.2。因此，如果从式（2.5）来看，则可能主要是分母的变化造成了相对湿度的日变化。

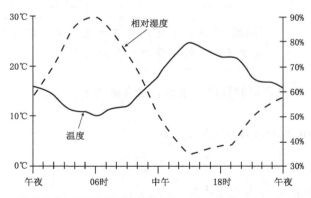

图 2.4　温度和相对湿度的日变化实例（引自 Moran and Morgan，1989）

表 2.2　海平面饱和混合比随温度的变化

温度(℃)	−40	−30	−20	−10	0	10	15	20	25	30	35	40
混合比(g/kg)	0.1	0.3	0.75	2	3.5	5	7	10	14	20	26.5	35	47

（4）风速和风向。通常，风是指空气相对地面的水平运动。风速是一个矢量,有数值和方向。风速大小可以 m/s 或 km/h 表示。风向为风的来向,规定正北为 0°,顺时针转为风向的度数,如图 2.5。各风向与东—西—南—北风的方位标记亦见此图。通常风的资料中还会有一个状态,标记为 C,表示静风,即无风。当然真实情况可能只是风速小于观测仪器的最低可测出风速,如 0.3 m/s。

有关风速方面,日常使用的还有一套风力分级,从 0 级到 17 级,见表 2.3。对 8 级以下的风力级别,乘以系数 2 则大致对应于 m/s 单位的数值,但级别越小系数应该也越小。8 级以上对应系数为 2.5 或者更高。了解此关系有助于实用分析。

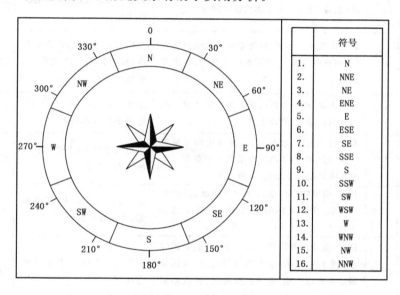

图 2.5　风向角度和 16 个方位标识(引自 Lazaridis,2011)

表 2.3　风力等级表

风力等级	名称	海面大概波高(m)		海面和渔船征象	陆上地物征象	相当于平地 10 m 高处的风速(m/s)	
		一般	最高			范围	中数
0	静风	—	—	海面平静	静、烟直上	0.0～0.2	0.0
1	软风	0.1	0.1	微波如鱼鳞状,没有浪花。一般渔船正好能使舵	烟能表示风向,树叶略有摇动	0.3～1.5	1.0
2	轻风	0.2	0.3	小波、波长尚短但波形显著,波峰光亮但不破裂。渔船张帆时,可随风移行每时 1～2 海里	人面感觉有风,树叶有微响,旗子开始飘动。高的草开始摇动	1.6～3.3	2.0

续表

风力等级	名称	海面大概波高(m)		海面和渔船征象	陆上地物征象	相当于平地 10 m 高处的风速(m/s)	
		一般	最高			范围	中数
3	微风	0.6	1.0	小波加大,波峰开始破裂;浪沫光亮,有时有散见的白浪花。渔船开始簸动,张帆随风移行每小时 3~4 海里	树叶及小枝摇动不息,旗子展开。高的草,摇动不息	3.4~5.4	4.0
4	和风	1.0	1.5	小浪,波长变长;白浪成群出现。渔船满帆时,可使船身倾于一侧	能吹起地面的灰尘和纸张,树枝摇动。高的草,呈波浪起伏	5.5~7.9	7.0
5	清劲风	2.0	2.5	中浪,具有较显著的长波形状,许多白浪形成(偶有飞沫)。渔船需缩帆一部分	有叶的小树摇摆,内陆的水面有小波。高的草,波浪起伏明显	8~10.7	9.0
6	强风	3.0	4.0	轻度大浪开始形成;到处都有更大的白沫峰(有时有些飞沫)。渔船缩帆大部分,并注意风险	大树枝摇动,电线呼呼有声,撑伞困难。高的草,不时倾伏于地	10.8~13.8	12.0
7	疾风	4.0	5.5	轻度大浪,碎浪而成白沫沿风向呈条状。渔船不再出港,在海者下锚	全树摇动,大树枝弯下来,迎风步行感觉不便	13.9~17.1	16.0
8	大风	5.5	7.5	有中度的大浪,波长较长,波峰边缘开始破碎成飞沫片;白沫沿风向呈明显的条带。所有近海渔船都要靠港,停留不出	可折毁小树枝,人迎风前行感觉阻力甚大	17.2~20.7	19.0
9	烈风	7.0	10.0	狂狼,沿风向白沫成浓密的条带状,波峰开始翻滚,飞沫可影响能见度。机帆船航行困难	草房遭受破坏,屋瓦被掀起,大树枝可折断	20.8~24.4	23.0
10	狂风	9.0	12.5	狂涛,波峰长而翻卷;白沫成片出现,沿风向成白色浓密条带,整个海面呈白色;海面颠簸加大有震动感,能见度受影响,机帆船航行颇危险	树木可被吹倒,一般建筑物遭破坏	24.5~28.4	26.0
11	暴风	11.5	16.0	异常狂涛(中小船只可一时隐没在浪后);海面完全被沿风向吹出的白沫片所掩盖;波浪到处破成泡沫;能见度受影响,机帆船遇之极危险	大树可被吹倒,一般建筑物遭严重破坏	28.5~32.6	31.0
12	飓风	14.0	—	空中充满了白色的浪花和飞沫;海面完全变白,能见度受到严重影响	陆上少见,摧毁力极大	32.7~36.9	35.0
13	—	—	—	—	—	37.0~41.4	39.0
14	—	—	—	—	—	41.5~46.1	44.0
15	—	—	—	—	—	46.2~50.9	49.0
16	—	—	—	—	—	51.0~56.0	54.0
17	—	—	—	—	—	56.1~61.2	59.0

（5）云由云量、云状和云高描述。云量指从观测者的视角看到的整个天空云覆盖的份额或成数，以数值 0、1、2、…、10 表示。10 为满天云覆盖的情况。云状指云的形态性质等，具体分为 10 大类。可从高度和形态两方面进行划分，如根据高度分为高云、中云、低云和垂直发展的云 4 种；从形态来说分为卷云、积云和层云，考虑降水情况还进一步有积雨云、雨层云等等。不同类型的云以一定的符号标记，如积云记为 Cu(Cumulus)，卷云记为 Ci(Cirrus)，层云为 St(Stratus)等。云高则指云底距地面的高度。云高对地面的辐射平衡有很大的影响，在应用中也是一个关心的量。

（6）降水分为形态、水量和雨强等参数。最常见的降水是雨和雪，其他则有霰、雹、雾、凇等。降水量指单位面积的降水厚度，常以 mm 表示，可以指一场降水的总量，也可以是一段时间的降水量。实用中常将降水分为小雨、中雨、大雨和暴雨，分别对应 12 h 降水量为<5 mm、5～15 mm、15～30 mm 和>30 mm 的情况（或 24 h 降水量为<10 mm、10～25 mm、25～50 mm 和>50 mm）。强降水又可进一步分为暴雨、大暴雨和特大暴雨，分别对应 24 h 降水在 50～100 mm、100～250 mm 和大于 250 mm 的范围。单位时间的降水量是雨强（降水强度）。对于降雪来说，积雪厚度往往也是一个关心的参量。

（7）水平能见度，指正常视力的人眼能分辨目标物的最大水平距离。白天以天空为背景观测目标物，夜间借助灯光观测。理论上大气中最大能见度可达 300 km。但实际能见度受多种天气条件影响，雨雪雾尘等都大大影响能见度。近来大气污染对能见度的影响问题受到关注，也有人反过来，用能见度作为污染程度的辅助判断指标。当然这里所说的污染物主要是颗粒物，能够对可见光在大气中的传输产生直接影响。

（8）辐射，是决定地表和大气能量状态和平衡的重要参量，可以直接观测。通常在地面附近一定高度架设 4 分量辐射计，同时观测长波和短波各自向上、向下的分量。由此 4 分量之和获得地面净辐射值，表示地面通过辐射获得或失去能量。

2.4　大气的垂直结构与分层

大气物理性质的空间变化称为其结构，在垂直方向的变化自然是垂直结构。常见的大气参量在垂直方向有显著变化，如气压、密度、温度等，如图 2.6。可见气压和密度是随高度单调减小的，减小的速度大致呈幂指数关系（图 2.6a,b），因此图中显示在对数坐标下，气压大致与高度呈线性关系（图 2.6c）。气温的变化幅度相对较小，但分层特征明显。所以大气的垂直分层主要是依据温度的变化划分的。在地面到约 10 km 的高度，气温平均以 6.5 ℃/km 的速率减小，为对流层（troposphere）。之上温度不变或随高度而增加，直至约 50 km，为平流层（stratosphere）。再上层温度随高度又转为减小，为中间层（mesosphere）。更高处则为热层（thermosphere）。

在各层大气中，对流层的下层与地表接触、受地面作用和影响，形成大气边界层。该层也是最受关注的大气环境，因为人类活动绝大部分都限于该层中。另外，对流层以上至大约 100 km 的大气，包括平流层和中间层等，一些年来研究大增，对其了解也随之增加。为了与更高层大气相区别，有时也把这层大气总称为中层大气（middle atmosphere）。

温度分层的大气经常有明显的上下分界，从而可以定义各层之"顶"，如边界层顶、对流层顶、平流层顶等。

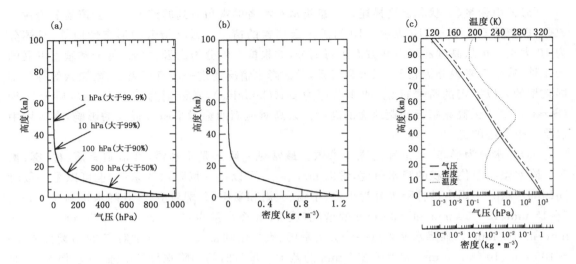

图 2.6　气压、密度和温度随高度的变化

(a),(b)分别为线性坐标下的气压和密度;(c)对数坐标下的气压和密度,叠加线性坐标的温度变化

(注意图中代表全球平均结果)

这一节最后,我们增加这一幅图(图 2.7)来更感性地说明大气的分层和各种大气现象的高度。

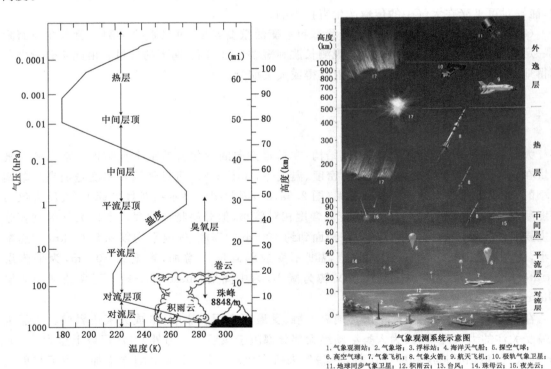

气象观测系统示意图

1.气象观测站;2.气象塔;3.浮标站;4.海洋天气船;5.探空气球;
6.高空气球;7.气象飞机;8.气象火箭;9.航天飞机;10.极轨气象卫星;
11.地球同步气象卫星;12.积雨云;13.台风;14.珠母云;15.夜光云;
16.流星;17.极光

图 2.7　大气的分层和各种大气现象的高度(引自 Lazaridis,2011)

2.5　大气的状态方程

有了气象参量,就可以进行大气最简单的定量描述。

(1)干空气情况

首先考虑不含水汽的情况,即干空气。大气的性质十分接近于理想气体,因此大气温度、压力和密度之间的关系可以由理想气体的状态方程加以描述:

$$pV = \frac{M}{\mu} R^* T \tag{2.6}$$

式中,p 为气压,V 为体积,μ 为摩尔质量,R^* 为摩尔气体常数,M 为空气质量。对干空气,$\mu = 28.96$ g/mol,$R^* = 8.314$ J/(mol·K),状态方程可以改写为:

$$p = \frac{M}{V} \frac{R^*}{\mu} T = \rho R_d T \tag{2.7}$$

式中,ρ 为密度;$R_d = 287.05$ J/(kg·K),为干空气的比气体常数。

(2)湿空气的处理和虚温

作为混合气体,空气中水汽含量的变化会改变其摩尔质量,并进一步改变比气体常数。这使状态方程中 4 个量都在变化,应用中很不方便。经过推导,可将湿空气的状态方程写为:

$$p = \rho R_d (1 + 0.608q) T \tag{2.8}$$

式中,ρ 为湿空气(或实际空气)密度,q 为比湿。进一步定义虚温 $T_v = (1 + 0.608q) T$,则湿空气的状态方程可以写成与干空气相似的形式:

$$p = \rho R_d T_v \tag{2.9}$$

由此获得大气完整的状态方程。这也是有关大气最基础的定量关系之一。在多数大气扩散问题中,其实并不考虑湿度的影响,因此只用干空气的状态方程就够了。

2.6　大气静力学

本书第二个有关大气的定量关系是静止大气的受力平衡,即静力平衡关系。考虑大气中任意一个垂直气柱,静止情况下其侧面受力平衡;垂直方向受到重力和垂直气压梯度力的作用也达到平衡。

(1)静力平衡方程

静力平衡关系可以参考图 2.8 加以考虑。从气柱中任取一个单元,厚度为 dz,该单元上下面的气压差为 dp,则其向上的受力为 dp·S,其中 S 为气柱面积。单元受到向下的重力为 $\rho(\mathrm{d}z \cdot S)g$,其中 ρ 为密度,g 为重力加速度。二力平衡即是:

$$\mathrm{d}p \cdot S = -\rho(\mathrm{d}z \cdot S)g \tag{2.10}$$

从而导出:

$$\frac{\mathrm{d}p}{\mathrm{d}z} = -\rho g \tag{2.11}$$

方程中规定向上为正,故重力以负号表示。

(2)压高公式

从状态方程和静力平衡方程可以得到一些简单的应用。把状态方程改写为 $\rho = p/(R_d T)$

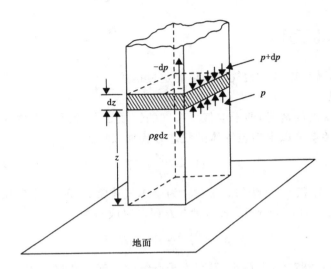

图 2.8　任意一个气柱中的一个单元上的受力（引自 Holton,1992）

代入(2.11)式,有:

$$\frac{\mathrm{d}p}{p} = -\frac{g}{R_\mathrm{d}T}\mathrm{d}z \tag{2.12}$$

将方程从地面至高度 z 积分,且地面和 z 处的气压为 p_0 和 p_z,则有:

$$p_z = p_0\exp(-\int_0^z \frac{g}{R_\mathrm{d}T}\mathrm{d}z) \tag{2.13}$$

　　这就是气压和高度的关系,称压高公式。注意公式中温度也是一个随高度变化的量。一旦知道温度与高度的函数关系,则气压与高度的关系也就确定了。因此通过一次气压与温度的探测,即可知道各气压面对应的高度。

　　压高公式有两方面的应用,一是通过气压的测量估算高度;二是在气象观测业务中,需要将不同高度站址的气压观测值换算到海平面高度,从而获得完整的地面天气图。

　　(3)等温大气与均质大气:两个理想化例子

　　从上述有限的知识可以对大气进行某些推算,获得的结果具有启发性。首先假设一种等温大气场景,即温度 T 在压高公式中是不随高度变化的常数。由于公式中 g 和 R_d 在大气层变化范围内也都可看作常数,故公式立即可写为:

$$p_z = p_0\exp(-\frac{gz}{R_\mathrm{d}T}) = p_0\exp(-\frac{z}{H}) \tag{2.14}$$

其中 $H = \frac{R_\mathrm{d}T}{g}$,可看作大气的一个高度尺度。若取大气温度为 273 K,可知 H 约为 8 km。由此可知,等温大气的气压按 e 指数形式随高度减小,大约在 8 km 高度处减为地面气压的 $1/e$ ~ 0.37 倍。在等温大气假设下,从状态方程可知气压与密度成正比,因此密度随高度的变化关系与气压的完全相同。

　　均质大气则是另一个极端的情况,是假设大气的密度为常数,不随高度变化。该情况下直接由静力平衡关系(2.11)求积分,得:

$$p_z = p_0 - \rho g z$$

该式显示,均质大气的气压随高度线性减小。对固定的地面气压 p_0,均质大气必有上界 Z,即

p_z 降为 0 的高度：

$$Z = \frac{p_0}{\rho g} = \frac{R_d T}{g} \tag{2.15}$$

式(2.15)与等温大气的高度尺度有相同的形式。数值上均质大气的厚度也约为 8 km。这让我们对实际大气的垂直尺度有一个初步的概念。

　　与均质大气相比，等温大气更接近于实际情况。这从图 2.6c 也可看出。图中气压随高度的确接近于以 e 指数减小。这是因为实际气温的变化幅度其实较小，只占温度绝对值的 30% 左右。就此而言，等温大气是实际大气的一级近似，至少在考虑气压变化的情况下是这样。

2.7　大气热力学(及大气能量收支)

　　大气的受热和能量收支、平衡是气象学关心的问题。大气是地球系统的一部分，大气能量平衡是地球能量平衡的一部分。对整个地球来说，则又主要是个辐射平衡问题。首先，热量传输有 3 种形式，即辐射、传导与对流(或湍流)。其中辐射是一种很奇特的传输形式，可以不借助任何介质实现远距离能量输送，而且是以光速输送。热传导是典型的接触式热量传输，必须经由物质的相互接触，通过物质分子运动实现热传输。热传导是固体物质之间的重要热传输形式。当然有些物质是热量的良导体，如金属，有些则有绝热性质。热对流出现在流体中，是由于流体的热力不稳定性产生的宏观物质运动，携带着热量进行传输。对大气而言，3 种热传输形式对其能量平衡都有重要作用。

　　(1)日－地空间与尺度关系

　　说来奇怪，研究地球和大气的能量平衡，需要把视野拉到太阳方面去，因为太阳是地球的主要能量来源。而地球接收到的太阳辐射的数量，则决定于日－地距离和它们各自的尺度大小。粗略地说，太阳的直径大约是地球的 100 倍，日－地距离又大约是太阳直径的 100 倍(图 2.9)。地球接收的太阳辐射可以近似认为是平行光。如果认为地球的公转轨道是一个圆，太阳热状态维持不变，则地球轨道上接收到的能量密度是一个常数，即太阳常数，也就是单位面积单位时间接收的辐射通量。该值约为$(1367 \pm 7)\mathrm{W/m}^2$。

> **[日-地数量关系]**：
> 太阳直径 $D_s = 2 \times 6.96 \times 10^8 (\mathrm{m}) \cong 10^9$ m；
> 日地距离 $L = 1.496 \times 10^{11} (\mathrm{m}) \cong 10^{11}$ m；
> 地球直径 $D_e = 2 \times 6.370 \times 10^6 (\mathrm{m}) \cong 10^7$ m.

　　(2)太阳辐射与地球辐射

　　辐射是很专门的一个学科，也是物理学的基础之一。辐射一词有两层意思，一是指辐射能量；二是指辐射这种能量的传输形式。当然在物理学领域还有所谓粒子辐射，指的是高能粒子束，那已是具有自身质量的物质粒子，而非光子这样的纯能量粒子。更准确地，可以用电磁辐射一词区分与粒子辐射的不同。

　　辐射到达一个物体表面有 3 种效应，为吸收、反射和透射，记各分量比率为 a, r 和 t，则有：

$$a + r + t = 1 \tag{2.16}$$

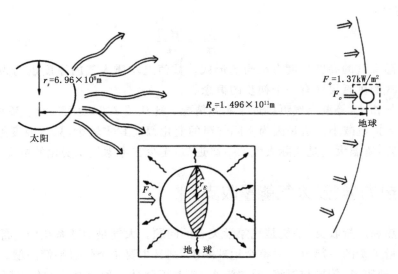

图 2.9　太阳与地球的空间关系及地球的辐射平衡

(引自新田尚 等,1997)

对于 $a=1$ 而 $r=t=0$ 的物体,称作黑体。黑体是辐射研究的理想物体,所有现实物体都是黑体的某种近似。

电磁辐射具有波一粒二象性,它既是波,又是能量粒子。几个辐射学的基本概念和关系如下:

——作为波动,辐射由波长和振幅两个量描述,振幅表示能量大小;

——所有物体都发出辐射,其波长分布在一定的范围内,构成辐射谱;

——辐射的波长和总能量与物体的温度有关,温度越高,辐射总量越大、波长越短,反之亦然;定量描述这种关系的公式是斯蒂芬-玻尔兹曼定律(Stefan-Boltzmann's law):

$$F_T = \sigma T^4 \tag{2.17}$$

和维恩位移定律(Wien's displacement law):

$$\lambda_{max} = 2897.8/T \tag{2.18}$$

上面两式中,F_T 为总辐射量(W/m²),T 为温度(K),$\sigma = 5.67 \times 10^{-8}$ W/(m² · K⁴),为斯蒂芬-玻尔兹曼常数;λ_{max} 为辐射谱极大值处对应的波长(μm)。

——作为粒子,辐射的单个光子能量与频率 ν 成正比,即 $\Delta E = h\nu$,其中 h 为普朗克常数(Planck's constant,$h = 6.626 \times 10^{34}$ J · s)。常数 h 清楚地反映了辐射的量子性。因此短波辐射的光子能量高于长波辐射的,是名副其实的"硬"射线,如 X 光、伽玛射线等(因为短波的频率值 ν 大,长波的 ν 小)。

> 波长与频率的关系是 $\lambda = c/\nu$,其中光速 $c = 2.9979 \times 10^8$ m/s,即每秒约 30 万 km。

黑体辐射的谱分布由普朗克定律描述,即:

$$F_\lambda(T) = \frac{c_1 \lambda^{-5}}{\exp(\frac{c_2}{\lambda T}) - 1} \tag{2.19}$$

其中　　　　　　　　$c_1 = 3.7415 \times 10^{-16}$ W·m², $c_2 = 1.4388 \times 10^{-2}$ m·K

　　由此可以计算出某温度 T 的黑体辐射能量随波长的变化。注意,描述辐射总能量的斯蒂芬-玻尔兹曼定律其实是将普朗克定律的波长从 0 到无穷积分的结果。

　　有了以上公式,自己就可以画出太阳辐射与地球辐射的能谱分布。当然作为一级近似,假设太阳和地球都是黑体,太阳表面温度 6000 K,地球温度 273＋15＝288 K,可获结果如图 2.10。由图 2.10 可以看出,太阳辐射与地球辐射不仅有强度上的巨大差异,在波长分布上也是很不同的,前者主要为可见光波段(短波),后者主要为红外与微波波段(长波)。

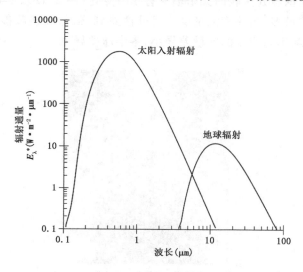

图 2.10　按黑体计算的太阳与地球的辐射谱(引自 Lazaridis,2011)

　　从迄今了解的电磁辐射谱范围(图 2.11),可以一窥物理学取得的成就:
波长从 10^{-11} cm 的伽玛射线到 3 km 的无线电波,跨越 16 个数量级的现象,可以用统一的理论定量描述。

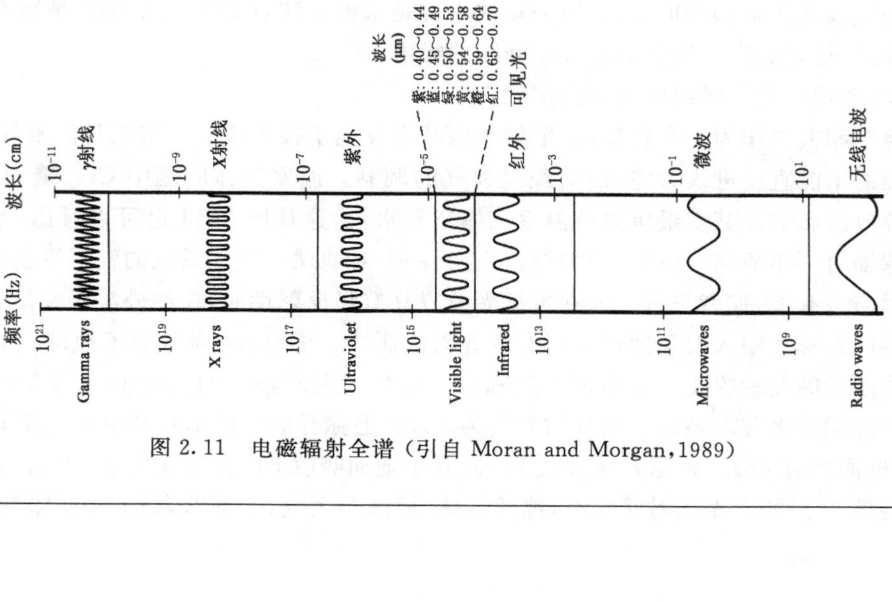

图 2.11　电磁辐射全谱(引自 Moran and Morgan,1989)

　　从能量平衡的角度而言,地球接收的所有太阳辐射必须经由自身的辐射返回太空,才能维持其温度长期稳定。能量的盈余和亏损都会使温度变化(变高或变低)。

> [地球的辐射平衡温度计算]可以按地球截面截获的太阳入射总能量与地球表面总出射能量的平衡计算。

　　虽然地球总的辐射平衡容易估计,实际地球的情况则一步步变得复杂。首先是地球的倾角、自转和公转,造成地球各处接收的太阳辐射有季节变化(图 2.12)。当然年平均而言,仍然是赤道低纬度接收的能量多,高纬度能量少。另外注意到,低纬度接收能量的季节变化小,高纬度季节变化大;夏半球不同纬度的能量差异小,冬半球差异大。

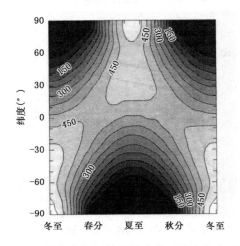

图 2.12　地面每日接收太阳辐射量的季节一纬度分布(单位:W/m²)

　　地球大气的存在使问题进一步复杂化(气象学从此开始介入其中)。这是因为大气的透射和吸收性质在不同波段是完全不同的。由图 2.13 可见,大气对太阳辐射的大部分波段,特别是可见光部分,几乎完全透明。但对短波和长波则逐渐变成完全不透明(全吸收)。短波一端的主要吸收气体是 O_2 和 O_3,长波一端的主要是水汽。注意 CO_2 和甲烷在地球辐射波段有强烈吸收谱,这正是温室气体影响气候问题的缘由。

　　(3)地球一大气辐射收支与温室效应

　　地球和大气作为一个整体,其辐射平衡状态发生了很大改变。首先是温室气体的问题,使地表辐射不能直接进入太空,而需经过大气的调制。温室气体问题中 CO_2 最引人注目,那是人为排放的影响。其实最重要的温室气体还是水汽,这从图 2.13 也可以看出,水汽吸收大约占地球辐射一半的谱段(或一半的能量)。另一个对地球一大气系统的辐射平衡有重要影响的因子也与水有关,那就是云。云在可见光波段具有强反射性质,在红外波段又具有强烈吸收性质。因此云对太阳入射和地球出射有双方面的影响。图 2.14 为考虑了地球一大气系统及其相互作用后的能量收支。总体按入射和出射划分。太阳辐射的入射假设为 100%,这也是地球的全部能量来源。地球平均反射率约为 30%(也称行星反射率),其中大气反射 6%,云反射 20%,地面反射 4%。地球系统吸收 70%,其中地面吸收 51%,大气吸收 19%。由于行星反射率直接把 30% 的阳光反射回太空,地球系统(地面＋大气)只对吸收的 70% 能量进行再分配,

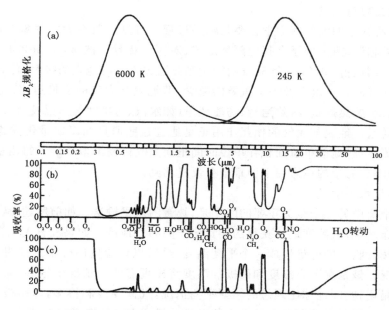

图 2.13　(a)归一化的太阳辐射与地球辐射谱,(b)地面,(c)11 km 高度的大气吸收谱
(引自盛裴轩 等,2013)

并以长波出射形式返回太空。具体为:地面直接出射 6%;云 26%;H_2O 和 CO_2,38%。从图 2.14 可以看到,地面长波辐射直接逃逸到太空的份额很小,事实是,地球辐射的绝大部分是经由大气(温室气体和云)逸散回太空的。这就涉及地表与大气的能量交换问题。由于太阳直接辐射有 50% 被地表吸收,这部分能量只有 20% 以长波辐射形式放出,但途径大气时被拦截下来一大部分。其余 30% 则通过感热(sensible heat)和潜热(latent heat)的形式释放入大气。感热部分直接加热空气,潜热部分用于蒸发水,从而参与水汽物质的搬运与循环。可见全球能量平衡中潜热的份额是巨大的。

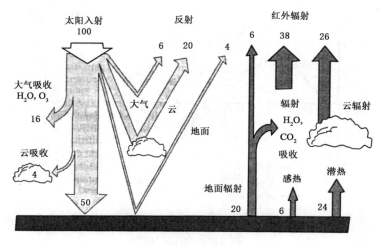

图 2.14　地球—大气系统的辐射能量分配
(图中数值单位为%)

（4）地—气交换与通量

到此为止，所描述的大气热力学主要是辐射过程。可见辐射在大气气象全局问题中的重要性。但切不可忘记，热传输还有其他两种形式：对流与传导。的确，从图 2.14 也可看出，地球长波辐射的作用仅占 20%，剩余 30% 的能量则是通过大气与地表的接触（传导）和空气的运动（对流）进入大气的。这就涉及一个重要的概念，即地表与大气的交换通量。当然有不同的通量，如辐射通量、感热通量、潜热通量、物质通量（如水汽、污染物等），以及对大气运动而言非常重要的动量通量。地表与大气的相互作用正是通过这些通量加以定量化描述的。比如，我们可以通过观测，了解地面单位面积在单位时间里向大气传输了多少焦耳的热量、水汽物质和对应的潜热，等等。通量的概念在下面章节要反复用到。

（5）全球热量水平输送

全球能量平衡中另一个至关重要的因子是，热量的水平输送。如前所述，从太阳入射辐射在地球上的分布来说，低纬度地区获得的能量多于高纬度地区。如果没有大气和海洋，地球表面不同纬度将按其收入的能量形成一个平衡温度，最后以该温度向外辐射能量。这就是理想的辐射平衡情况。该情况下高纬度和两极的温度将比现有实际情况低很多，而赤道低纬度则高很多。也就是说，实际地球比理想的辐射平衡情况，气候要温和得多，即两极和赤道温度都不会那么极端。这就是大气和海洋的水平运动的结果。大气和海洋将低纬度盈余的能量输送到高纬度，提高该处的温度，并以长波辐射的形式散逸这些能量。图 2.15 显示了能量的南北输送与辐射的关系，并给出了不同分量（大气、海洋、潜热）在这种能量输送中的估算结果。可

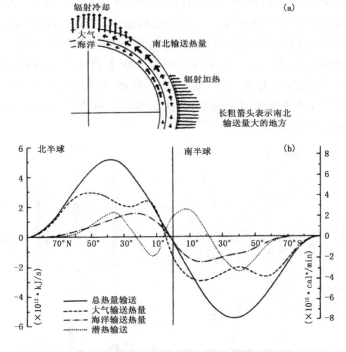

图 2.15　大气与海洋在不同纬度的热量输送

（引自新田尚 等，1997）

---

* 1 cal＝4.1868 J。

见大气甚至远大于海洋的作用。中纬度总能量输送通量达到最大值,这正表明低纬度有能量辐散(减少),高纬度能量辐合(增加)。这种能量的交换和输送,对大气而言,就表现为中纬度频繁出现的风暴,以至于中纬度有所谓"风暴轴"之称。图 2.16 显示了地球接收的太阳辐射与自身向外的辐射之差异。可见低纬度的太阳辐射能量"盈余"通过水平输送补充高纬度的地球辐射能量"亏欠"。

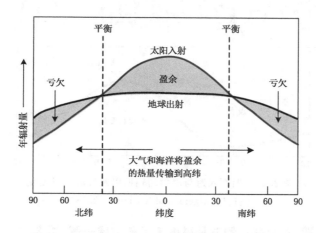

图 2.16　地球接收的太阳辐射与自身向外的辐射
(低纬度的"盈余"通过输送补充高纬度的"亏欠")
(引自 Lazaridis,2011)

2.8　气温分布与变化

说到温度,那已是考虑各种能量交换、平衡关系后的结果。大气的温度是气象、气候学关注的重要内容。不过气温的变化在大气低层和高层的控制和影响因子是不同的。低层大气受下垫面(地表、海面等)的传热影响大,这种影响主要通过对流输送实现。高层大气更多通过辐射作用达成平衡温度。

以地面气温为例,典型的日变化当然是白天高、夜间低。但日最高气温一般出现在午后约 2 小时左右,而日最低气温出现在凌晨日出之时,如图 2.17。温度日变化的"动力学"实际由两方面决定,一是白天的太阳短波入射辐射;二是地表日夜不停的长波辐射。夜间由于没有入射能量来源,地表出射辐射一直散失能量,从而温度一直下降。日出后,当太阳辐射增加到与地表出射辐射相平衡时,降温停止,达到日最低温度。之后,太阳入射量多于地表出射量,多余的能量使温度增加。注意整个白天,地面长波辐射随温度增加而增大。下午,当太阳辐射减弱,与地面出射辐射相等时,增温停止,达到日最大温度,其后温度下降(图 2.17)。

低层大气温度的周年变化(季节变化)和日变化有类似之处。最高温度出现在夏至后 1 个多月的 7—8 月份,最低温度出现于冬至后的 1—2 月份。这也与太阳辐射和地面辐射之间的盈余、亏损随季节的变化有关。当然太阳辐射在各月份一般不会为 0,这与日变化的情况有所差别。但极地的情况很特殊,极夜可能出现整月太阳辐射为 0 的情况。

如果把视野扩展到对流层以上,可以看到平流层的中上部(大约到 1 hPa 的高度)是追随

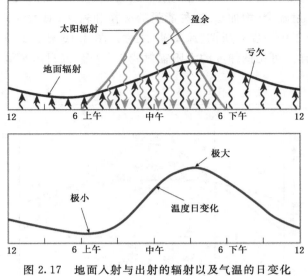

图 2.17　地面入射与出射的辐射以及气温的日变化

（引自 Lutgens and Tarbuck，2013）

太阳辐射而加热的。即，夏半球一侧总是温度高于冬半球一侧（图 2.18）。这应该与平流层内臭氧对太阳辐射的强烈吸收有关。更高层的大气，通常超出污染气象学的研究范围。

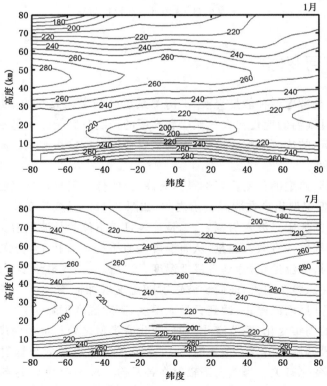

图 2.18　整层大气的温度（单位：K）分布与冬夏变化

（引自 Holton and Hakim，2013）

2.9　干绝热过程

在气象学研究中经常讨论一种理想化的大气过程,叫作干绝热过程。"干过程"表示不考虑水的相变作用,"绝热(adiabatic)"表示与外部没有热量交换。注意该理想过程已把研究的目标与外部环境进行了切分,该目标体叫作气块(parcel),与外界没有质量交换。对该气块应用热力学第一定律,有:

$$dQ = dU + dA \tag{2.20}$$

式中,Q 为热量,U 为内能,A 为做功(定义对外做功为正)。该方程进一步可写为:

$$dQ = c_v dT + p dV \tag{2.21}$$

式中,T 为温度,p 为气压,V 为体积,c_v 为比定容热容(亦称定容比热系数)。可知该气块的热量变化取决于其温度变化和对外做功的多少。对绝热情况,$dQ = 0$,因此:

$$c_v dT = -p dV \tag{2.22}$$

考虑单位质量的气块,有 $\rho = m/V = 1/V$;同时考虑状态方程 $p = \rho R_d T$ 和系数关系

$$c_p = c_v + R_d \tag{2.23}$$

式中,c_p 为比定压热容(或称定压比热系数),数值为 1004 J/(kg · K)。由此可导出:

$$\frac{dp}{p} = \frac{c_p}{R_d} \frac{dT}{T} \tag{2.24}$$

这一公式描述了绝热条件下,气块的气压与温度之间的变化关系。对于单个气块,最可能发生压力变化的是垂直位移。由于气块内部很快与外部压力平衡,因此气块上升时气压会随外部环境压力下降而减小,反之气压增加。

由上述关系直接导出一个气象上的重要参量,称之为位温,用符号 θ 表示。其定义为:

$$\theta = T\left(\frac{p}{1000}\right)^{-R_d/c_p} \tag{2.25}$$

可见这只是式(2.24)对气块从气压和温度(p,T)积分到(1000 hPa,θ)的结果。也就是说,位温 θ 是气块从任意(p,T)状态,通过干绝热过程到达气压为 1000 hPa 的状态时对应的温度。

为什么引入位温?因为温度不是一个保守量,不同高度的温度没有可比性。这从状态方程可以看出,温度本身随气压变化,因此也会随高度变化。位温是保守的,一个气块的位温只有非绝热过程才会使它改变。另外不同高度的位温是可比的,因为它们都已经通过干绝热过程换算到相同的气压层:1000 hPa。

将静力平衡方程 $dp = -\rho_e g dz$ 和状态方程 $p = \rho_e R_d T_e$ 代入式(2.24)。注意静力平衡方程描述的是环境大气的状态,因此变量以下标 e 为标志。但气块内的气压可以快速与外界平衡,故认为内外气压相同。如此可得:

$$\frac{dp}{p} = \frac{-\rho_e g dz}{\rho_e R_d T_e} = \frac{c_p}{R_d} \frac{dT}{T} \tag{2.26}$$

整理得:

$$-\frac{dT}{dz} = \frac{g}{c_p} \frac{T}{T_e} \tag{2.27}$$

在通常高度变化范围内,绝对温标下有 $T/T_e \approx 1$,因此有:

$$-\frac{\mathrm{d}T}{\mathrm{d}z} \cong \frac{g}{c_p} = \frac{9.8}{1004} \approx 9.8(\mathrm{K/km}) \qquad (2.28)$$

这样就引出一个重要的量,叫作干绝热减温率(adiabatic lapse rate),记为 $\Gamma_\mathrm{d} = -\frac{\mathrm{d}T}{\mathrm{d}z}\big|_{\text{干绝热}} =$ 9.8(K/km)。其意义是,气块在静力平衡的实际大气中干绝热上升,其温度以每 km 约 9.8℃ 的速率减小。当然,气块干绝热下降则对应相同速率的增温。

干绝热减温率近似于一个常量。实际环境大气温度随高度的变化也可以定义一个环境温度递减率,记为 $\Gamma = -\frac{\mathrm{d}T}{\mathrm{d}z}$。$\Gamma$ 是一个随时间和空间变化的量。同一时刻,不同高度的 Γ 值也可以不同。

2.10　湿绝热过程

实际大气包含水汽。气块作垂直运动时内部近似按绝热过程变化,外部与环境大气的压力平衡。含有水汽的气块绝热上升,在水汽没有饱和之前按干绝热减温率(或温度递减率)降温,直到水汽饱和。饱和后如果有凝结发生,则会释放潜热,从而使得气块减温变缓,也就是减温率变小。根据气块含水量的不同,湿绝热温度递减率可在 5～9 ℃/km 之间变化。这与干绝热减温率有很大的差别,如图 2.19。从后面的学习可知,湿空气会比干空气更不稳定。

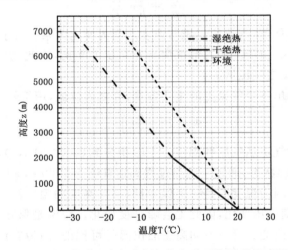

图 2.19　干绝热减温率与实际气块上升可能呈现的减温率

2.11　大气静力学稳定度

在污染气象学中,大气稳定度是一个倍受关注的参量。稳定度本身意义宽泛,其实是指事物状态发生改变的趋势大小。倾向于改变的是不稳定的,倾向于保持不变或回复到原有状态的是稳定的。大气作为一个整体或者某一高度层(简称气层)都具有自身的稳定度性质。静力学稳定度是与温度层结(或分层,stratification)有关的稳定度概念和性质。

考虑静力平衡的大气,垂直方向受重力(向下)和气压梯度力(向上)作用而达至平衡。水平方向则默认四周均匀,也达至受力平衡。这样大气处于静止状态。这时考虑大气温度随高度的分布。取某气层,画出其温度递减率分别为图 2.20(a)(b)(c)。图 2.20 中同时画出干绝热减温率(常数 9.8 ℃/km)作为参考。图 2.20(a)中气块如因扰动而上升(下沉),则按干绝热降温(增温),与环境温度相比,气块温度低于(高于)周边,因此受重力(浮力)作用,将回复到原来的位置。这种情况的气层是稳定的。图 2.20(b)的情况则相反,受扰动的气块干绝热上升(下沉)后,会比周围空气温度高(低),因此会继续受到浮力(重力)作用进一步上升(下沉)。这种情况的气层是不稳定的。图 2.20(c)的温度廓线与干绝热线重合,因此气块上下移动将与周围环境气温一致,从而停留在新的位置。这种情况称作是中性的。

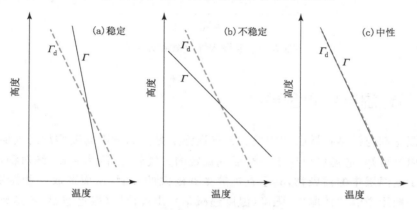

图 2.20　不同温度层结的稳定度性质
(虚线为干绝热线 Γ_d,实线为实际温度廓线 Γ)

　　因此,可以使用温度廓线判断气层的稳定度。方法是将该气层减温率与干绝热减温率比较。小于干绝热减温率的是静力学稳定的($\Gamma_d < \Gamma$),大于干绝热减温率的是静力学不稳定的($\Gamma_d > \Gamma$),与干绝热减温率相同则是中性的($\Gamma_d = \Gamma$)。

　　用温度廓线判断气层的稳定度时,需要干绝热线作为参考。如果按位温计算公式,把温度廓线 $T(z)$ 转化成位温廓线 $\theta(z)$,则对稳定度的判断会变得更为便捷。按照位温的定义,干绝热过程中位温不变,因此中性稳定度在位温廓线图中表现为常数(随高度不变)。位温随高度减小的情况是静力学不稳定的;逆位温(位温随高度增加)的情况则是静力学稳定的。

　　对湿空气,气块上升运动时,如果有凝结发生,其内部温度按湿绝热减温率变化。因此,需要以湿绝热线作为稳定度判别的参考。如前所述,湿绝热减温率为 5～9 ℃/km,总体小于干绝热减温率(9.8 ℃/km)。因此,对干空气来说是稳定的气层,对湿空气而言却有可能是不稳定的。例如,9 ℃/km 的减温率对干空气而言是稳定的,但如果是湿空气,且其湿绝热减温率为 8℃/km,则很明显,环境大气减温率大于湿绝热减温率,气层是(湿)不稳定的。由此可以得出实际大气的三种稳定度状态:绝对不稳定 $\Gamma > \Gamma_d$,条件不稳定 $\Gamma_w < \Gamma < \Gamma_d$ 或 $\Gamma \in (5, 9.8)$℃/km,绝对稳定 $\Gamma < \Gamma_w$(图 2.21)。

> [比较]对流层平均减温率 6.5 ℃/km,是条件不稳定的。因此所谓“对流层”,实际是指湿对流。

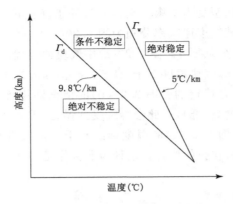

图 2.21　实际大气的稳定度区域

2.12　大气逆温层与混合层

这两个概念都与污染扩散密切相关。大气逆温层是指温度随高度增加的气层。从前面有关稳定度的内容可知,逆温层对应于一类极端稳定的大气状态,因为它比"绝对稳定"的条件还要稳定。处于逆温层中的污染物,其垂直扩散受到极大的抑制,从而造成一些特别的、严重的污染后果。一般用逆温层的厚度、强度(温度递减率)、出现位置(接地逆温,还是离开地面的高架逆温)等加以描述。

大气混合层是一个环境科学领域的通用术语,它大致对应于本课程后面将介绍的大气边界层。但混合层是一个较含混的概念,因为它仅强调污染物在该层垂直方向充分混合这一结果,从而在该层的污染浓度和其他参量都可以简化处理,分别取为常数值。实际大气边界层的物质混合依赖于大气的湍流运动状态,一些情况是可以很快达到充分混合的,另一些情况则远远不能充分混合,而是在不断混合的进程中。因此有文献认为所谓混合层,不应写作"mixed layer",而应该是"mixing layer"。这是很有道理的。

2.13　大气的运动和风

(1)大气的受力与运动方程

大气的运动变化决定于其受力。地球大气的受力有以下几项:1)气压梯度力(水平、垂直);2)重力(含离心力);3)科里奥利(Coriolis)力;3)摩擦力。对于大气中任意一个气块或微团,其运动变化与受力的方程关系可以写为:

$$\frac{\mathrm{d}\boldsymbol{V}}{\mathrm{d}t} = -\frac{1}{\rho}\nabla p + \boldsymbol{g} - 2\boldsymbol{\omega}\times\boldsymbol{V} + \boldsymbol{f} \tag{2.29}$$

该方程可以简单地看作是牛顿第二定律的变形:$\boldsymbol{ma} = m\dfrac{\mathrm{d}\boldsymbol{V}}{\mathrm{d}t} = \sum_{i}\boldsymbol{F}_i$,取 m 为单位质量 1,$\boldsymbol{F}_i$ 为各项力,即有上述方程。可见方程右边为上述 4 种力的合力,其中气压梯度力来自周围大气的作用,重力主要为地心吸引,摩擦力源自气层间的相对运动。只有科里奥利力是由于选定跟随地球转动的坐标系而引入的。地球自转系统是一个所谓的非惯性系,牛顿第二定律需要引入这一项科里奥利力才能正确描述大气的运动。因此,科里奥利力是一项虚拟的力,它的方向由地球自转角速度 $\boldsymbol{\omega}$ 与速度 $\boldsymbol{V}$ 的矢量叉乘决定;该力永远与运动方向垂直,对大气不做功。

在地球局地三维坐标 $O(x,y,z)$ 下,大气运动 $\boldsymbol{V}=(u,v,w)$ 的方程可以写为:

$$\frac{\mathrm{d}u}{\mathrm{d}t} = -\frac{1}{\rho}\frac{\partial p}{\partial x} - 2(\omega_2 w - \omega_3 v) + f_x$$

$$\frac{\mathrm{d}v}{\mathrm{d}t} = -\frac{1}{\rho}\frac{\partial p}{\partial y} - 2(\omega_3 u - \omega_1 w) + f_y$$

$$\frac{\mathrm{d}w}{\mathrm{d}t} = -\frac{1}{\rho}\frac{\partial p}{\partial z} - 2(\omega_1 v - \omega_2 u) + f_z - g \qquad (2.30)$$

式中,f_x,f_y,f_z 为三个方向的摩擦力;重力只出现在垂直方向;$\omega_1,\omega_2,\omega_3$ 为地球自转角速度在 $O'(x,y,z)$ 坐标系中的 3 个分量,有 $(\omega_1,\omega_2,\omega_3)=(0,\omega\cos\varphi,\omega\sin\varphi)$,$\varphi$ 为研究地点的纬度(参见图 2.2)。科里奥利力项由以下叉乘算法决定:

$$-2\boldsymbol{\omega}\times\boldsymbol{V} = -2\begin{vmatrix} \boldsymbol{i} & \boldsymbol{j} & \boldsymbol{k} \\ 0 & \omega\cos\varphi & \omega\sin\varphi \\ u & v & w \end{vmatrix}$$

$$= (-2\omega w\cos\varphi + 2\omega v\sin\varphi)\boldsymbol{i} - 2\omega u\sin\varphi\boldsymbol{j} + 2\omega u\cos\varphi\boldsymbol{k}$$

$$= (-f_1 w + fv)\boldsymbol{i} - fu\boldsymbol{j} + f_1 u\boldsymbol{k} \qquad (2.31)$$

式中,$\boldsymbol{i},\boldsymbol{j},\boldsymbol{k}$ 为三个坐标方向的单位矢量。为简化书写,上式最后记 $f_1 = 2\omega\cos\varphi$,$f = 2\omega\sin\varphi$。由于 f_1 总和垂直方向相关,考虑水平运动时常常忽略其作用。f 作用于水平运动,应用很多,又称其为科里奥利系数。

(2)大气的平衡运动

从运动方程可以直接获得大气运动的一些基本特征关系。考虑定常情况(速度不随时间变化)、摩擦力可忽略、大气为准水平运动(不考虑垂直分量),则方程(2.30)简化为:

$$u_g = -\frac{1}{f\rho}\frac{\partial p}{\partial y}$$

$$v_g = +\frac{1}{f\rho}\frac{\partial p}{\partial x} \qquad (2.32)$$

这里速度加了下标"g",表示地转平衡速度或地转风。该方程也叫地转平衡关系,描述的是忽略其他因子后,气压梯度力与科里奥利力之间的平衡。虽然有上述简化近似,地转平衡或地转风关系却是上层大气的良好近似。也就是说,根据上层大气的气压梯度,可以相当准确地估算其风速,反之亦然。

地转风关系可以很清楚地从图 2.22 中看出。实际上是大气的运动(风)形成了科里奥利力,该力最终与气压梯度力平衡,形成了平衡风速——地转风。在实用上可以用一句口诀表达北半球地转风与气压梯度的方向关系,即"背风而立,高压在右,低压在左"。南半球情况相反。

地转平衡关系中忽略的其他因素在实际大气中会以一定的偏差关系表现出来。例如,高层大气中可忽略的摩擦力项,在低层大气中变得重要,需要加以考虑。这样,原本气压梯度力与科里奥利力的两力平衡关系,就变为增加考虑摩擦力后的三力平衡关系。空气相对于地表运动,因此摩擦力来源于地面,并且总与运动方向相反。三力的平衡关系可以由图 2.23 描述。可见,现在是科里奥利力与摩擦力的合力与气压梯度力平衡,而风向则朝低压一侧偏转。这也是低层大气运动与气压场关系的重要特征。

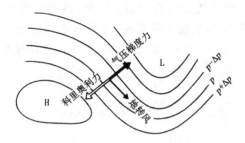

图 2.22　地转风与力平衡关系（引自新田尚 等,1997）

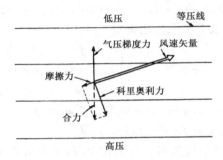

图 2.23　低层大气运动的三力平衡关系（引自新田尚 等,1997）

　　另外,地转平衡关系描述的是大气的水平直线运动情况。实际大气的大尺度运动（千千米量级）常常出现闭合的准圆周运动形式。显然,这种运动会有惯性离心力参与到气压梯度力与科里奥利力的平衡之中,如图 2.24。近似按照地转平衡的气压-风向关系,这类大尺度运动的闭合中心就成为低压或高压中心。低压（low）称之为气旋（cyclone）,高压（high）称之为反气旋（anticyclone）。南半球由于角速度以及科里奥利力的作用方向与北半球相反,高、低压的运动方向也正好与北半球的相反。

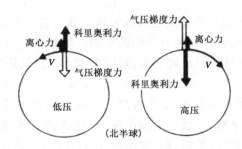

图 2.24　大气中的高压与低压中心（引自新田尚 等,1997）

　　进一步考虑气旋与反气旋的下层大气受地面摩擦作用的情况。由前面的讨论可知,摩擦力的作用会使原本地转平衡的运动朝低压一侧偏转。因此,在低层大气中,气旋性的低压会形成指向中心的辐合运动,而反气旋的高压会形成指向四周的辐散运动,如图 2.25。由于质量守恒和大气运动的三维特征,低层大气的辐合与辐散就会造成气旋和反气旋中心上层大气系统性的上升和下沉运动。当然,这种大尺度的垂直平均运动的数值很小,但在这些天气系统的生命期内,足以触发水汽凝结、云的生成(气旋),或者抑制对流活动、利于云的消散(反气旋)。这也是早期天气学研究把气压及其变化直接与天气联系起来的原因,气压计则被尊为"晴雨表"。

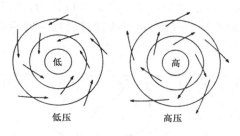

图 2.25　气压场与考虑摩擦后的风向关系

(3)大气环流

大气环流可指全球环流或局地环流。这里先介绍全球大气运动的背景情况。总体而言,全球大气的水平运动可按南北半球各分为三个风带,即低纬度赤道地区的东风带、中纬度地区的西风带以及高纬和极地附近的东风带。与此三风带对应,垂直运动则表现为所谓的三圈环流,即赤道低纬度的哈得来环流〔圈〕(Hadley cell)、高纬度的极地环流和中纬度的费雷尔环流圈(Ferrel cell)(图 2.26)。哈得来环流和极地环流分别对应于低纬度和极地地区的辐射能量盈余(加热)和亏损(冷却)。费雷尔环流圈据认为是前述两种环流的动力强迫的结果,其真实存在与否仍有争议。对应于三圈环流的交接处,高层大气有几处著名的急流(jet or jet stream,比周围速度大的流动区域)。这就是赤道上空的东风急流、副热带西风急流和高纬的极地急流(图 2.26b)。

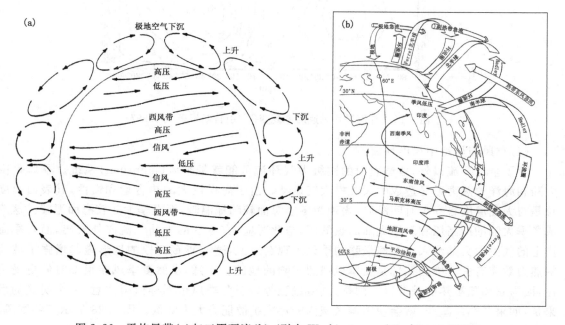

图 2.26　平均风带(a)与三圈环流(b)（引自 Washington and Parkinson,1986）

　　更定量地考察纬圈平均的水平风随高度的分布,如图 2.27。可见最明显的是赤道东风急流和副热带的西风急流,基本上冬夏维持。但冬半球副热带西风急流增强,位置向低纬偏移,夏半球相反。从图 2.27 还可看出,大气平均流动的最大值(急流中心)约为 30 m/s。这一速度相对于地球的转动线速度而言是一个小量。因此可以认为,地球大气基本上是跟随地球转动的。例如,大气的一个涡旋系统如气旋,可以在地球转过一圈后再看到它,且形态、位置变化不大。

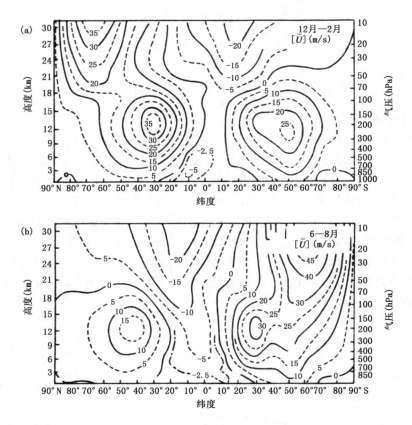

图 2.27　纬圈平均风速的冬夏变化(引自新田尚 等,1997)

　　(4)季风与局地中尺度环流

　　除了全球环流以外,地球表面的次级大气环流可能就是季风(monsoon)系统。季风是由大陆和海洋的热力差异造成的大规模大气运动。由于海洋巨大的热容量和惯性,其表面温度总是与大陆温度有一个时间滞后,表现为冬季海面较陆地温暖,而夏季大陆较海面温暖。这造成冬季大陆的冷高压和夏季大陆的热低压,与此对应,有冬季的大陆气流向外流出,而夏季海洋上的气流向大陆流入。全球最强的季风出现在东亚,这与青藏高原的地形隆起增强了陆地的热力效应有关。中国东部是受季风强烈影响的地区。注意,虽然夏季风在很多时候更受关注,因为它伴随湿热的季节以及雨季、洪涝过程等。但冬季风也同样值得注意,一个明显的后果是,如果冬季风减弱,就会使影响区域内的污染扩散能力大大降低。图 2.28 显示了冬季风、夏季风与赤道辐合带的关系。

　　需要注意的是,季风实际是叠加在全球环流背景上的次一级的环流,同时又与短周期的天气系统相互作用。因此很多情况下需对季风影响进行专门分析。

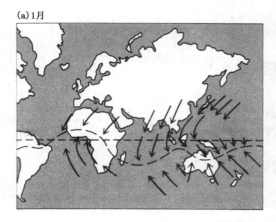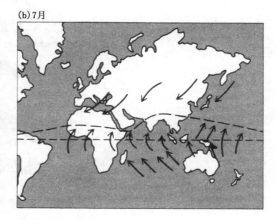

图 2.28　冬季风(a)、夏季风(b)与赤道辐合带

（引自 Moran and Morgan，1989)

　　比季风更小一级的应该是天气系统，如高压、低压、锋面等等。这些是天气学研究的"主角"，本章稍后简略介绍。而与天气系统交错在一起的则是由水陆和山地热力差异造成的局地和中尺度大气环流。其中最经典的是海陆风，在海岸或大的湖岸边都可出现。海陆风的原理与季风有点类似，都是由海陆的热力性质差异造成的，但海陆风的时空尺度小得多。时间上是海陆温差的日夜变化，因此海陆风只是一个日夜循环过程。空间上影响范围由几十至上百千米不等。海陆风实际为一个统称，包括白天的海风（吹向陆地）和夜间的陆风（吹向海面），前者较强而后者较弱。

　　山地环流为一个复杂的系统。其基本单元为坡风，包括上坡风和下坡风。简单的坡面在白天形成上坡风，夜间形成下坡风（图 2.29）。这是因为接近坡面的空气受坡面的直接影响，白天的加热和夜间的冷却都快于同高度远离坡面处的空气，因此白天受到浮力作用上升，夜间受到重力作用下沉。更复杂一些的山地地形是山谷或河谷，它们的两侧可以看作是坡面，但河谷整体向上下游延展。这样白天所有上坡风的效应合起来形成从下游吹向上游，或从谷底吹向山顶的谷风，夜间所有下坡风汇集到山谷并随谷地的走向向下游流动，称为山风。实际山地大气环流是所有不同尺度环流的集合。例如，从较大尺度看，有大型山地—平原风环流，从次级尺度看，有山谷风环流，从更小的尺度看，还有坡风环流（图 2.30）。而每处山地的特异性更增加了山地环流的复杂性。因此山地大气流动与污染扩散研究是具有挑战性的问题。

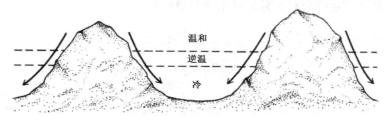

图 2.29　简化的山谷地形，下坡气流示意图

（引自 Moran and Morgan，1989)

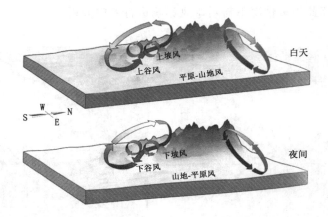

图 2.30　大型山地与平原间的大气日夜环流形态
（引自 Whiteman，2000）

2.14　天气学概念与方法

　　天气是污染气象过程的背景。所有污染过程都是发生在一定天气条件下的。这是因为我们关心的污染过程时间尺度都较短，比如污染的日变化。现在空气质量的在线监测甚至给出逐时结果。而天气过程的时间较长，典型的天气过程约 5～7 天。因此，大气污染过程中，天气学的影响是不可避免的。

　　（1）气团与锋

　　气团是指水平大范围（千千米）内部温度、湿度等性质接近或较均匀的大团空气。通常，当空气与水平性质较均匀的下垫面（陆地、海洋等）长时间接触，则会获得该地的属性，比如干、湿、冷、暖，从而形成具有相应属性的气团。一般可分气团为海洋性的还是大陆性的、极地性的还是热带性的。当不同的气团在移动中相遇时，在其交界处形成狭窄的过渡带，伴随强烈的气象属性变化（风、温、湿、压等水平梯度）。该过渡带相对于整个气团的尺度而言很薄，常常抽象为一个无厚度的界面，称作锋面（front）。锋面具有三维空间结构，从地面到高空，锋面向冷空气一方倾斜，形成冷空气在下、暖空气在上的坡面形式（图 2.31）。在纬度 30°—60°的中纬度地区，气旋性低压系统往往生成一条冷锋（冷空气向暖气团推进）和一条暖锋（暖空气向冷气团推进），因此也称为锋面气旋。锋面造成的空气上升运动（锋面抬升）是气旋系统中最重要的成云致雨过程，也是气旋系统带来大范围降水的关键机制。

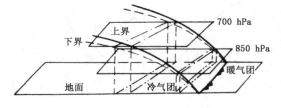

图 2.31　锋面的空间结构
（引自梁必骐，1995）

（2）地面与高空天气系统

天气系统是指它能带来一系列有一定规律的天气现象和过程，可以在地面和高空对天气系统进行描述。描述地面天气系统最重要的是气压分布。地面气压实际是指海平面气压，由各测站观测值换算而来。地面天气系统可用高压、低压、锋面等特征进行描述。

高空的天气形势通常用等压面天气图描述。等压面从空间来看是起伏不平的，而气压从地面到高空单调减小。因此从一个与等压面的平均高度接近的水平面来看，等压面高起的地方对应的是高压区、低落的地方对应低压区（图 2.32）。从这个意义上，直接由等压面的起伏高低就可以判断高空哪些地方对应着高压、哪些地方是低压（需注意的是，天气图上的等高线显示的是位势高度，而不是几何高度）。因此在分析高空天气形势时，主要关注等压面高起的区域（称为"脊"）和低落的区域（称为"槽"）。高空槽脊与地面天气系统有密切的联系，是天气变化的重要指标。

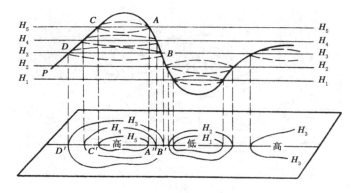

图 2.32　高空等压面的"高"与"低"
（引自周淑贞，1997）

（3）全球半永久性气压分布

天气过程大致有 5～7 d 的准周期性。在这一时间尺度上，我们看到的是天气的不断变化。如果把这种快速的变化滤去，则可以看到全球地面气压具有某种半永久性的分布态势，并随冬夏季节而演变，如图 2.33。可以看出，对北半球而言，冬季大陆为高压，海洋为低压；夏季气压形势反转，大陆为低压，海洋为高压。南半球由于陆地面积小，这种情况不明显。对亚洲季风气候而言，值得注意的是太平洋副热带高压的季节变化。冬天该高压收缩在大洋东部一隅，但夏季几乎占据北半球整个太平洋表面。受副热带高压西南部偏东南气流和亚洲陆面低压的共同影响，从洋面吹向大陆的夏季风带来充沛的水汽。

（4）大气长波

中纬度天气的变化与上层大气的波状运动密切相关。如图 2.34 所示，上层大气的极地气团与中纬度大气形成界限分明的边界，称为极锋。该区域强烈的南北温差导致很强的急流出现。通常该急流表现为绕极地一圈 4～6 个峰谷的南北振荡的波动，称罗斯贝波（Rossby wave）。其波长为 3000～8000 km，是所谓的大气长波。长波通常以约 24 小时 10 个经度的速度自西向东移动，造成天气约 5～7 d 的准周期变化（对应长波的一对峰谷移过当地）。因此，在天气学中有关大气长波的研究具有重要意义。图 2.34 还显示了长波大幅度扰动发展、破碎断裂和回复相对平静的过程。这些极端的波动行为往往对应强烈天气过程。例如，从极地冷

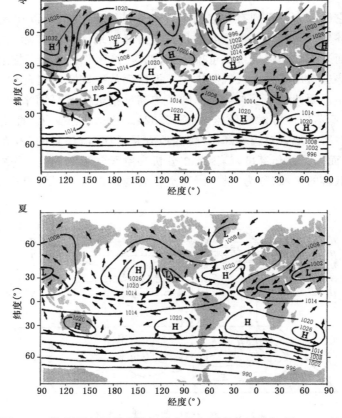

图 2.33　海平面气压的半永久分布和冬夏变化（引自 Ahrens, 1988）

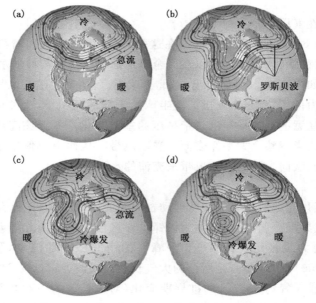

图 2.34　上层大气的大尺度波动决定着天气过程

（引自 Lutgens and Tarbuck, 2013）

空气断裂出来的低压系统形成冷涡或切断低压（cutoff low）。另外，波动对应的高压区如果长时间逗留，则会形成所谓阻塞高压，使天气的准周期变化失调，造成不同区域的异常洪涝和干旱。

2.15　现代气象观测与研究

现代气象研究与应用是建立在常规观测基础上的。全球陆地表面已形成较完善的观测网，包括地面观测和高空观测。观测数据通过世界气象组织（WMO）全球共享。

全球常规气象站超过 1 万个，另有 7000 余船舶以及海上浮标、钻井平台、商用飞机等可获取较稀缺的海上和空中气象资料。自动气象站的使用可获得偏远地区或关心区域详细的气象信息。风温压湿等常规观测量一般都可取得小时信息。高空观测一直以来依赖于无线电探空（radiosonde），台站数远少于地面站。一般探空观测 1 日 2 次，为国际协调时间 00 时（UTC）和 12 时（UTC）。有些台站有 4 次观测，为 00,06,12,18 时（UTC）。一些新的仪器正在出现，如风廓线雷达等，可以获得高空更高时间分辨率的观测结果。通过卫星观测获得定量化的气象数据也一直是努力的方向之一。图 2.35 显示了我国探空观测站的分布情况。

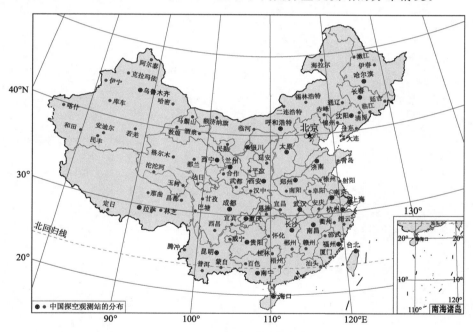

图 2.35　我国探空观测站的分布

除了常规观测以外，对一些特定的内容仍需组织专门的项目进行观测研究。例如，陆－气和海－气的相互作用，在各种复杂条件下如何定量化；又如，温室气体 CO_2 的增加与生态系统的相互作用关系。这些问题导致了陆面过程以及全球通量网（FLUXNET）等方面的工作。空气污染问题则导致了对局地和中尺度大气环流以及边界层特性的观测研究。

现代气象学还是计算机和模式应用的"演武场"。经典的应用是数值天气预报。经过几十年的发展，数值天气预报无论是在理论、机制、还是在计算模型方面都取得了巨大进展，大大提高了 3 日以内气象预报的准确性。数值模式还可以作为分析工具,把观测资料同化到模式系统中,形成原理自洽、又尽可能接近观测事实的气象场;或者直接使用观测资料获得气象诊断场。这些结果对大气污染过程的分析提供重要的物理基础。

> **[同化,assimilation]** 在预报模拟过程中不断加入观测资料,形成一套半模拟、半观测的结果。
>
> **[诊断,diagnose,diagnosis,diagnostic]** 完全由观测结果进行整理和扩充。

第 3 章 大气湍流和大气边界层

3.1 预备知识

(1)流体与固体

在地球表面,常温下,物质的自然形态表现为固体、液体和气体。后二者都是流体。当然水和空气是液体和气体的典型代表。从微观而言,物质形态实际反映的是其内能的不同。不过在强大的外力作用下,固体和流体的分界有时并不清晰,例如,平日的土石,在泥石流中就具有流动的特性。

(2)流体的重要特性

相对于固体,流体有一些自身不同的性质。其一是形变性,这几乎是流体最重要、最显著的特性。相对于固体的微小形变和弹性恢复而言,流体的形变是大幅度的、彻底的和常态的。其二是黏滞性,这使得流体内的任何相对运动都会受到摩擦。可以认为黏滞或摩擦是流体内部反抗或阻止形变的力量,这种力量在固体内是强大的,但在流体内则成为微不足道的残余。其三,对气体而言,还具有明显的可压缩性。其四,与固体一样,流体也具有惯性。但流体的惯性与形变性相结合,使它具有别样的意义。

(3)自然界的常见流动

地球流体的自然常见流动,或称环境流动,皆为低速流动。低速和高速的差别就在于流体运动时其压缩性是否重要。因此常用流体速度与声速相比较,因为声音传播是典型的流体压缩效应。常温下空气中声速约 300 m/s,自然流动速度(如高空西风急流速度平均约 30 m/s)往往小于声速的 10%(远小于声速),因此可认定为低速流动。当然地面极端风速也有很高的情况,如南极冰雪地表曾有过 100 m/s 的风速记录,此时空气应该有可观的压缩效应。

(4)流体的处理

对流体进行定量描述需要一些基本假设。其中可能最基础的是连续介质假设。即认为流体是随空间延伸的连续体,其每个基础单元宏观上很小,小到可看作几乎无体积的几何质点;而微观上又足够大,大到可以保持自身稳定的宏观统计特征,如温度、气压、密度等,不至于受分子涨落的影响。应该说,这一假设对环境大气是可以满足的。只有当空气特别稀薄,如 100 km 以上的高空,则相对于连续性假设的偏差会越来越大。引入连续介质假设的好处是对流体的描述可以借助成熟的数学分析方法,如导数和微分等。前述大气运动方程实际已用到这些数学描述,因此已默认了连续介质假设。

3.2　湍流

（1）现象与定义

自然界的流动大致可分为 3 种形态，即层流、湍流和波动。层流是一类规则的流动，如果追踪流体质点，其轨迹是光滑流畅的，而且不同的轨迹不会交叉。湍流则是以运动的随机性为特征的。J. O. Hinze（1975）曾给湍流下了一个不算太严格的定义：湍流是随时间和空间随机变化的流动形态。自然界的流动以湍流最为普遍，层流情况其实是较少的。湍流的实际例子比比皆是，如卷烟、工厂烟囱、河水涡流、燃烧、尾流、射流等等。运动的复杂程度介于层流和湍流之间的是波动，它也随时空变化，但变化是周期性的。当然，波动的振幅增大以致最终破碎，据认为是波动向湍流过渡的一种途径。反之，湍流能量衰减也可能退化为波动。

（2）湍流的 7 个特征

虽然 Hinze 的定义有广泛的影响，湍流其实至今没有严格的定义。但这不影响我们通过认识湍流的性质去尽可能逼近它。以下介绍湍流的几方面特征。

1）随机性/无规性（stochastic，random，irregular）。这的确是湍流最重要而显著的特性，也是 Hinze 定义中所强调的核心内容。正因如此，湍流在一些文献中也被称为乱流或紊流。

2）扩散性（diffusivity）。该特性与湍流的随机性密切相关，无规的运动导致流体微团之间的物质交换，这正是扩散性的基础。大气污染过程与湍流的扩散性有密切关系。

3）时空 4 维特性。湍流严格来说是随时间和空间都随机变化的，而且空间运动是 3 维的。对降维的情况，如不随时间变化的复杂 3 维运动、以及仅限于空间 2 维面上的运动，都不是严格意义的湍流。

4）耗散性（dissipative）。湍流可以有效地消耗运动能量（耗散）。但耗散并不均匀地发生在整个湍流空间，而是具有间隙性，即耗散集中于一些点、线和面上，其他空间则表现为空缺。

5）非线性（nonlinear）。湍流是强烈非线性的过程。同时非线性也被视作是湍流发生的根本原因。

6）湍流是连续介质的宏观运动。这是为了与微观条件下的随机过程相区别，如布朗运动。

7）初、边条件的敏感性（蝴蝶效应）。这一性质由 Lorenz 研究极度简化的气象学方程而发现。非线性方程中蕴含着极其复杂的演变状态，而初始和边界条件的微小误差即可导致该系统演变为完全不同的结果。这一特性后来成为一句颇有神秘意味的流行语："亚马孙热带森林里一只蝴蝶扇动翅膀，扰动的气流通过非线性发展，可能在美国演变成一场龙卷"。这也是蝴蝶效应一说的由来。湍流的控制方程是非线性的，因此也必然是初、边条件敏感的。

（3）湍流研究简史

对湍流的感性描述也许可以追溯到汉高祖刘邦的大风歌诗句："大风起兮云飞扬"，一幅典型的湍流图景。画家达·芬奇更直观地给出了一幅图画，几乎成为手工描绘湍流运动的经典（图 3.1）。

现代湍流研究的开端应该归于 Reynolds（1895），他最早提出了湍流运动分解的想法，将随机的湍流分为统计平均部分和偏离平均的扰动部分。这一方法成为定量描述湍流的起点。

之后百余年来，湍流问题一直考验着人类最优秀的大脑。有人宣称"湍流是经典物理学中尚未解决的最重要的难题"。至今，如果列出有待解决的 100 个科学难题，湍流总会榜上有名。

图 3.1　达·芬奇的湍流图

在探究湍流问题的过程中许多名人留下了印迹,著名的如爱因斯坦、理论物理学家海森堡等。湍流领域泰山级的人物则是俄国的科尔莫哥罗夫(Kolmogorov)。我国周培源先生也做出过开创性的工作。

与其他学科领域一样,实验观测对湍流研究永远是必要的,它提供了认识和分析的基础。湍流研究中更强调物理直觉的重要性,这在理论和机制的研究中尤为重要。另一个飞速发展的方面是数值模拟,其重要性正在与日俱增。现有的湍流研究理论大致为 4 个方面,其一为"湍流牛顿力学",是以牛顿的因果确定论思想建立起来的数学物理模型体系,至今为研究的主线,也构成湍流数值模拟的基础。其二为统计理论,其巅峰成就为科尔莫哥罗夫的各向同性湍流理论,对湍流研究具有深刻的影响。统计理论的结果实用性强、应用广泛。其三为混沌(chaos)与非线性理论,在过去的一些年里蓬勃发展,但深陷于数学抽象的泥潭里,难以与实际湍流过程相关联。其四为相似性(similarity)理论,是基于量纲分析和实验观测两方面总结出来的半经验理论。由于其实验基础,结果应用也很广。

(4)湍流的作用及与大气环境的关系

湍流问题的所谓"未解决"是指其本质机制方面,而了解其本质机制则是为了更有效地控制和利用湍流。对大气污染过程而言,湍流的扩散性是足可利用的。对物质输运(如管道)而言,湍流则是需要精心控制的内容,因为它会引起额外的能量耗散。大气是典型的湍流流动,特别是低层大气。了解湍流性质对大气环境研究有以下意义。

1)确定污染物的扩散交换性质。主要关心的是污染物的扩散稀释,使其浓度降低。

2)确定大气自身成分的扩散交换性质。这涉及到大气的物质循环,如地表、海洋与大气的物质交换等。

3)进行大气探测。利用湍流的声学和光学效应制作观测仪器,从而反过来实现对大气湍流性质的探测。这是遥感方法在湍流领域的重要应用。

(5)湍流的定量描述

对湍流的定量描述引入了一系列的概念、思想和方法,大致列举如下。

1)雷诺(Reynolds)分解

雷诺提出,将湍流随机运动参量分为统计平均量和相对于它的扰动偏差(湍流涨落或脉动量,fluctuation,pulse)。雷诺分解的数学表达可写为通式 $\phi = \bar{\phi} + \phi'$,其中 ϕ 为湍流变量,上划线代表平均值,撇号表示脉动量。ϕ 可代表湍流场的任意变量,如速度分量 u,v,w;压力 p,位温 θ,比湿 q,密度 ρ,浓度 c,等等。因此有:

$$u = \bar{u} + u' ; v = \bar{v} + v' ; w = \bar{w} + w'$$
$$p = \bar{p} + p'$$
$$\theta = \bar{\theta} + \theta'$$
$$q = \bar{q} + q'$$
$$\rho = \bar{\rho} + \rho'$$
$$c = \bar{c} + c' \tag{3.1}$$

从统计平均的定义有 $\bar{\bar{\phi}} = \bar{\phi}$,因此 $\overline{\phi'} = 0$,即:

$$\overline{p'} = 0 ; \overline{\theta'} = 0 ; \overline{q'} = 0$$
$$\overline{\rho'} = 0 ; \overline{c'} = 0$$
$$\overline{u'} = 0 ; \overline{v'} = 0 ; \overline{w'} = 0 \tag{3.2}$$

雷诺分解中认为湍流量是随机变量,平均是指统计平均或所谓概率平均。实际应用中,往往以不同方式近似该统计平均,包括:①时间平均;②空间平均;③时－空平均。其中以时间平均应用最广。图 3.2 给出了平均量与脉动量之间的关系,显示的就是一段时间 T 的平均结果。

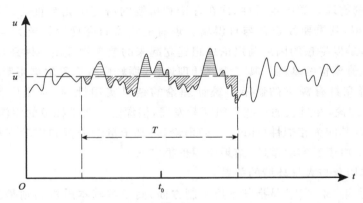

图 3.2　湍流变量的平均与涨落(脉动)示意

2)湍流的尺度

从大气环流已经可以看出不同的运动尺度,如全球尺度、大陆尺度、大地形尺度、中小地形尺度等。湍流是典型的多尺度运动,据估计,大气中最小的湍流运动尺度约为 1 mm,而低层大气中典型的运动尺度为 km,这之间跨越 6 个数量级。而且这些不同尺度的运动是相互叠加的。这就造成了湍流运动的复杂性。

3)湍流涡旋

湍流涡旋(湍涡,eddy)是用来形象描述湍流单元和尺度的概念。这样,不同尺度的湍流运动就有了描述的载体——湍涡。湍流是不同尺度的湍涡的叠加。里查森(Richardson)形象地描述:大涡带着小涡运动,小涡中有更小的涡,更小的涡中还有更小的涡。可以看出,湍涡并不是一个真实的涡旋,而是指运动的尺度。

4)湍流通量:一个物理概念

湍流场中存在强烈的物质(以及其他物理量)的交换和输送。通量(flux)是描述这种输送的定量概念,意为单位时间通过某界面的量。当然通量也可以是广义的,如辐射通量,就用来计量辐射作用。湍流通量限定为湍流作用的扩散输送效果。严格来说,通量没有指定界面的面积。因此更准确的描述应该是通量密度(flux intensity),为单位时间单位面积通过界面的量。需留意,很多情况下,湍流通量密度被简称为湍流通量。

5)相关函数:一个统计和数学概念

湍流通量是一个物理概念,用于表达通过界面的湍流输送。对该量的定量描述则需借助相关函数这一统计概念。例如,一个没有平均气流通过的窗口,只有湍流脉动作用,此时需把进出窗口的脉动速度和它们对应的浓度涨落的乘积(湍流涨落)进行总体平均,获得平均通量,即可获知湍流涨落导致的浓度物质进出该窗口的数值,记为:$f = \overline{v'_n c'}$。其中 v'_n 为垂直于窗口的湍流涨落速度,上划线表示对整个窗口的平均。注意此式为平均通量密度。要获得穿过整个窗口的总通量还需乘以窗口的面积。

(6)随机过程与概率统计复习

湍流是一种随机运动,因此湍流场中的任何量都可看作是随机变量。概率统计是长于处理随机问题的。因此对湍流量的描述大量用到概率统计工具。以下简要回顾几个常用的概念。

1)随机变量。设有随机变量 A 和 B。那么,A 和 B 是依什么而变的?这是一个问题。对湍流量而言,根据 Hinze 的定义,A 和 B 是随时间和空间作随机变化的量。

2)概率密度函数(probability density function,pdf)。pdf 给定了随机变量在其变化空间的概率分布。对一个随机变量而言,其 pdf 的重要性是无可替代的。事实上,有了 pdf,也就获得了该变量统计性质的完全描述。如,对连续随机变量 x,有:

均值：
$$\overline{x} = \int_{-\infty}^{\infty} x f(x) \mathrm{d}x \tag{3.3}$$

n 阶零点矩：
$$\overline{x^n}\,|_{\text{零点矩}} = \int_{-\infty}^{\infty} x^n f(x) \mathrm{d}x \tag{3.4}$$

n 阶中心矩：
$$\overline{x^n}\,|_{\text{中心矩}} = \int_{-\infty}^{\infty} (x - \overline{x})^n f(x) \mathrm{d}x \tag{3.5}$$

式中,$f(x)$ 为 x 的概率密度函数,n 为整数 $1,2,3,\cdots$

3)常用统计量。概率密度函数虽好,但不易获得。而获得各阶统计量则容易得多。应用最广泛的如平均值、方差(或标准差)、相关函数(相关系数)等。对离散随机变量 $A = A_1, A_2, \cdots, A_n$,可分别写为:

均值：
$$\overline{A} = \frac{1}{n} \sum_{i=1}^{n} A_i \tag{3.6}$$

方差：
$$\overline{A^2} = \frac{1}{n-1} \sum_{i=1}^{n} (A_i - \overline{A})^2 = \sigma_A^2 \tag{3.7}$$

标准差：
$$\sigma_A = \sqrt{\overline{A^2}} \tag{3.8}$$

对相关函数来说,情况略为复杂,它涉及 2 个随机变量以及随机变量空间的 2 个点。湍流量的变化空间为时—空 4 维空间。因此广义的相关函数描述的是变量 A 和 B 分别处于空间 α 和 β 点的相关,写为 $\overline{A_\alpha B_\beta}$。对该情况进行收缩简化,例如,取不同变量在同一空间点的相关,得到所谓互相关,如 $\overline{A_\alpha B_\alpha} = \overline{AB}$。这里因为是同一空间点,故略去下标 α。互相关中如果其中一个变量为速度,则立刻得到通量的表达式。同样,若取相同量在不同点的相关,则获得自相关,即 $\overline{A_\alpha A_\beta}$ 。可见,方差只是自相关的特例,是两个空间点重合为同一点的情况。同时,方差也是互相关的特例,其中两个不同变量取成相同变量。

广义的相关函数记为:

$$f_{AB} = \overline{A_\alpha B_\beta} \tag{3.9}$$

为将其标准化,取广义的相关系数为:

$$R_{AB} = \frac{\overline{A_\alpha B_\beta}}{\sqrt{\overline{A_\alpha^2} \cdot \overline{B_\beta^2}}} \tag{3.10}$$

(7)常用湍流量和基本假设

从雷诺分解已知,湍流量分解为一阶平均量(均值)和涨落量之和。虽然涨落量各自的均值为 0,但其 2 阶统计方差则有重要意义,如 $\sigma_u^2 = \overline{u'^2}$;$\sigma_v^2 = \overline{v'^2}$;$\sigma_w^2 = \overline{w'^2}$ 。通常把湍流脉动速度 3 分量方差之和的二分之一表示湍流动能 E 的大小,记为:

$$E = \frac{1}{2}(\overline{u'^2} + \overline{v'^2} + \overline{w'^2}) \tag{3.11}$$

显然,此式表示的是单位质量流体的动能。

其他 2 阶统计相关量为动量通量 $\overline{u'v'}$;$\overline{u'w'}$;$\overline{v'w'}$ 和浓度通量 $\overline{u'c'}$;$\overline{v'c'}$;$\overline{w'c'}$。后面这些浓度通量好理解,因为取浓度单位如 mg/m³,速度单位 m/s,则浓度通量单位为 mg/(m²·s),是典型的通量密度。两个脉动速度分量相乘当作动量通量,是同样的道理,因为可以把第二个速度分量当作标量来看。动量既然为 mv',单位质量流体的动量则为 v'。因此 $\overline{u'v'}$ 即为速度 u' 携带动量 v' 的输送通量。当然真实的动量通量应该是 $\rho\overline{u'v'}$,ρ 为密度,其单位取 kg/m³,则动量通量单位为 (kg·m⁻³)(m²·s⁻²)=(kg·m·s⁻¹)/(m²·s)。显然,这正是动量通量密度:单位面积单位时间的动量输送。

在湍流研究中"泰勒冻结湍流"是应用广泛的一个假设。其基本思想是认为湍流脉动比平均运动速度小很多,当湍流涨落随平均运动向下风向移动时,其脉动性质随时间的变化可忽略,就像是"冻结"的状态。如此,在一个观测点获得的湍流时间序列,就可以通过 $x = \overline{u}t$ 转换为空间信息(图 3.3)。由于默认这一假设,湍流观测结果的解释中经常将时间尺度(如频率)与空间尺度(如波长)互换使用。

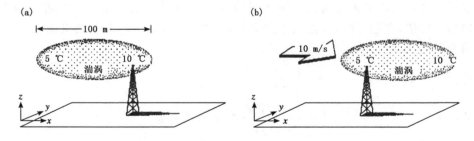

图 3.3　泰勒冻结湍流假设示意(引自 Stull, 1988)

这样,湍流观测的时间相关性质也用于推断空间相关性质。一般湍流相关系数随相隔的时空距离而减小,函数形式如图 3.4。其一为单调减小,趋近于 0;其二则有一段负相关,然后趋于 0。图中显示的变量是 r,代表空间相关。时间相关也有类似的结果。

"湍流动能的串级(cascade)输送"是有关湍流的另一个著名假设。如前所述,湍流场中存

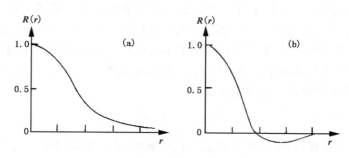

图 3.4　湍流相关系数的函数形式

在大大小小的涡旋,它们的尺度有数量级的差异。串级输送假设的核心内容是,所有这些不同尺度涡旋的动能都是从大涡向小涡输送,最后在最小的尺度上经由分子摩擦转化为热能。这样一种能量传递的过程是通过较大的涡旋不断破碎成较小的涡旋而逐级进行的(图 3.5),故称串级输送。从串级理论可知,湍流是消耗能量的。因此需要从外部获得能量补充,湍流才可维持。一般来说,湍流场中最大尺度的涡旋会从平均运动的不稳定性中获取能量。也就是说,平均流动的不稳定性发展形成最大尺度的湍涡,称含能涡。这些湍涡成为后续所有次级尺度湍流涡旋的能量源头。

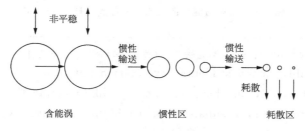

图 3.5　湍流串级输送示意

湍流动能是描述湍流特性的重要参量。但仅有湍流动能是不够的,因为它只是一个总量。而湍流是多尺度混合的运动。因此就提出来一个重要的问题,不同尺度上湍流能量的分布是怎样的? 这就是湍流能谱。湍流能谱不同,表明湍流性质也很不相同,即使总能量一样。这可以与光谱的情况类比,一支 40 W 的日光灯可以让你在夜间安心工作,但一支同样瓦数的红外灯管下,你可能什么也看不见。湍流能谱可以用湍流速度的变化数据计算得到。

> **[相关谱]** 与湍流能谱相对应的是湍流相关谱。因为湍流动能本质上是速度的方差。湍流的互相关和自相关各描述湍流性质的不同方面。速度的方差可以看作是湍流速度互相关和自相关退化到同一个时空点、同样的速度分量时的特例。本课程主要用到湍流能谱。但湍流研究中也关心其他湍流相关量的谱分布。

与湍流扩散问题最有关的则是"普朗特混合长(Prandtl mixing length)假设"。扩散是用通量描述的,如浓度通量。湍流输送通量实际是由湍流混合造成的,图 3.6 显示了某平均物理量 $\bar{s}$ 的垂直廓线。如果在某个长度范围(混合长)内有混合作用存在,混合的速度是 w',造成

的 s 量的扰动是 s'，则图 3.6a 中，向上的速度给上层带来的 s' 为正扰动，向下的速度给下层带来 s' 的负扰动。图 3.6b 中情况正好相反。显然，图 3.6a 中，混合作用会造成净的向上的通量 $\overline{w's'}$，图 3.6b 则有净的向下的通量 $\overline{w's'}$。因此混合作用的效果总是使平均场趋于均匀分布。混合长假设类比于分子运动的平均自由程概念，提出了湍流场中由湍流性质决定的"混合长"概念，并假设物理量 s 的湍流输送通量为：

$$\overline{w's'} = -K_s \frac{\partial \bar{s}}{\partial z} \tag{3.12}$$

式中，K_s 为湍流扩散系数，是湍流动能和混合长的函数，需由实验确定。混合长假设也是梯度输送理论的基础，这将在后面有关扩散理论的章节介绍。

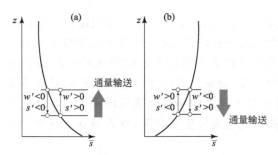

图 3.6　通量与混合的关系（引自盛裴轩 等，2013）

[Wyngaard 2000：你不知道会与湍流结缘；湍流的魅力]

　　I doubt if many students have started out to be a "turbulence person". I suspect it usually just happens, perhaps like meeting the person you marry. I was an engineering graduate student nibbling at convective heat transfer, when a friend steered me to a turbulence course taught by John Lumley. It was not rollicking fun-we went through Townsend's *The Structure of Turbulent Shear Flow* page by page-but it was a completely new field.

　　I began to explore the turbulence literature, particularly that by the heavy hitters of theoretical physics and applied mathematics. To my engineering eyes it was impregnable; I would need much more coursework before I could even put it in a context. Today I can understand why those theoretical struggles continue. Phil Thompson, a senior scientist in the early NCAR explained it this way：

　　Lots of people have tried to develop a fundamental theory of turbulence. Some very well known people have given up on it. But I just can't give up on it-it's like a beautiful mistress. You know that she treats you badly, she's being ornery, but you just can't stay away from her. So periodically, this question comes up again in my mind, and I keep casting about for some different and simple and natural way of representing the motion of a fluid, and some way of treating the analytical difficulties. And I seem to get a little bit closer sometimes…

3.3　大气湍流

从湍流到大气湍流好像只是简单的应用推广。其实不然,因为对湍流本身的认识并不清楚,大气湍流又有其独特的一面。很多情况下,正是对大气湍流的研究,推进了我们对湍流的整体认识。

(1)大气湍流的特点

大气湍流具有以下 3 方面的特点。第一,是属于所谓高雷诺数湍流。这与雷诺当年著名的湍流圆管实验有关。雷诺的实验装置如图 3.7。实验圆管的前端安装了染料释放装置以便观察流体的运动状况。结果发现,当圆管中流速低时,流体保持规则的流动,如图 3.7 右图中平直的染料轨迹线。流速增高后,管中流动开始出现扰动,染料的迹线出现波动。流速更高时,染料很快与流体混合,充满圆管,表明此时圆管中充满强烈的湍流交换与混合。总结实验的结果获得一个重要参数 $Re = \dfrac{UL}{\nu}$,这里 U 和 L 为流动的特征速度和特征尺度(圆管实验中为管的直径 D), ν 为流体的运动学黏性系数。后人把该参数 Re 称作雷诺数。这是一个无因次量(无量纲)。它反映了流动的速度、尺度和分子黏性的这样一种组合关系,当其数值较小,则倾向于保持层流,数值越大,则越倾向于发展为湍流。雷诺及当时的人认为存在一个临界值,约为 2000 左右,大于该值会发展出湍流,小于该值则保持层流。该值称为临界雷诺数 Re_c 。当然后来的重复实验表明,临界雷诺数并不是很确定的值,而与实验的条件有关。当严格实验条件,保持装置不受外界干扰时,临界雷诺数甚至可以高达 20000 以上。但总体上,雷诺圆管实验揭示的流动与雷诺数的普遍关系是存在的,即低雷诺数时倾向于层流,高雷诺数时倾向于湍流。对大气来说,取典型的边界层运动特征值: $U = 10$ m/s, $L = 1000$ m, $\nu = 1.5 \times 10^{-5}$ m²/s,则有 $Re = 10^8 \sim 10^9$ 。显然这是高雷诺数湍流情况。

有关层流向湍流的变化与过渡状态,流体力学中有一个专门的词叫转捩。研究转捩过程对认识湍流机制有重要意义。

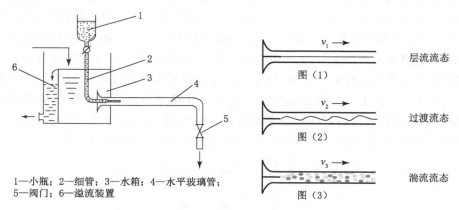

1—小瓶;2—细管;3—水箱;4—水平玻璃管;
5—阀门;6—溢流装置

图 3.7　湍流圆管流动实验

大气湍流第二方面的特点是所谓层结流动(stratification),是指温度分层对湍流的性质有深刻影响。与某些实验室湍流情况不同,垂直温度分布或温度层结是大气湍流必须考虑的一个因素。这使得大气湍流更为复杂,因为热力因子也需要同时包含在研究的过程中。正因如此,大气湍流中需引入稳定度参量。

大气湍流第三方面的特点是以边界层流动为主。所谓大气边界层,从几何尺度来说,是指地表附近 1~2 km 的低层大气。虽然高层大气也有湍流出现(如晴空湍流),但最典型、最普遍的大气湍流形式则是边界层湍流。边界层流动的一个重要特点是受地面影响大,日变化显著。因此大气湍流也带有很强的非定常特点,随时间变化,尤其是日夜变化很大。

(2)大气湍流的产生和维持

如前所述,湍流是耗散性的,会消耗运动能量。因此,湍流场必须有适当的能量来源,才能维持湍流的存在。从这个意义上,湍流场的能量(动能)可以是维持不变、也可以是发展或衰退的,就决定于其能量输入的情况。大气湍流最重要的能量来源包括:第一,热力对流(convection)。这是大气温度层结的不稳定能量主动转化为湍流运动能量的表现,主要为白天边界层对流和云中的湿对流。第二,速度剪切(shear),也可以通俗地认为是摩擦作用。由串级输送假设可知,湍流的最大涡旋来自平均流动的不稳定扰动和破碎。平均流动的不稳定性可以是热力的,如热对流;也可以是动力的,即流动自身状态引起的不稳定性。其中速度剪切是流体动力不稳定的重要因素之一。当然平均速度剪切也可以通过与已有的湍流相互作用而对湍流注入能量。对近地面大气而言,只要风速不为 0,空气与地表之间的速度剪切就会存在(因为地面静止)。因此,近地面大气流动(边界层流动)总能获得湍流能量。第三,波动与湍流的相互作用。较小振幅的波动是有周期性规律的运动,但当其不稳定发展,振幅增大,周期性丧失,则可转化为不规则的湍流运动。这种情况常见于夜间边界层流动、高空晴空湍流和边界层顶附近。

总之,大气湍流主要由热力因子和动力因子决定。当然热力因子不仅仅是热对流可作为能量来源,相反,热力作用也会成为湍流动能的汇。例如,稳定的温度层结就会"吃掉"湍流动能,转化为势能。

(3)大气湍流运动的控制方程

大气湍流运动的定量描述,按照牛顿力学的确定论框架,可以写出纳维-斯托克斯方程(Navier-Stokes equation),包括:空间 3 个方向分量的运动方程,1 个连续性方程(质量守恒),1 个状态方程和 1 个热力学能量方程。方程的未知量为:u, v, w, P, T, ρ,即风速、气压、温度和密度(注意,这里暂时使用大写的 P 代表总气压,为后面边界层方程的气压分解预留符号)。如果考虑湍流场中其他物质量的变化,如水汽比湿 q 或污染物浓度 c,则可类比于标量温度 T 的情况各引入 1 个控制方程。考虑到控制方程的个数和变量的个数都是 6(或更多),方程是闭合的,满足求解方程获得确定性解的必要条件。当然,有关这一套偏微分方程组的性质,如解的存在唯一性等,至今仍是一个数学问题。在地球局地坐标 $Oxyz$ 下,该方程组可写为:

$$\frac{\mathrm{d}u}{\mathrm{d}t} = -\frac{1}{\rho}\frac{\partial P}{\partial x} - 2(\omega_2 w - \omega_3 v) \quad + f_x$$

$$\frac{\mathrm{d}v}{\mathrm{d}t} = -\frac{1}{\rho}\frac{\partial P}{\partial y} - 2(\omega_3 u - \omega_1 w) \quad + f_y$$

$$\frac{\mathrm{d}w}{\mathrm{d}t} = -\frac{1}{\rho}\frac{\partial P}{\partial z} - 2(\omega_1 v - \omega_2 u) + f_z - g \tag{3.13}$$

$$\frac{\mathrm{d}\rho}{\mathrm{d}t} + \rho\left(\frac{\partial u}{\partial x} + \frac{\partial v}{\partial y} + \frac{\partial w}{\partial z}\right) = 0 \tag{3.14}$$

$$P = \rho R_d T \tag{3.15}$$

$$\frac{\mathrm{d}\Theta}{\mathrm{d}t} = \nu_\theta \left(\frac{\partial^2 \Theta}{\partial x^2} + \frac{\partial^2 \Theta}{\partial y^2} + \frac{\partial^2 \Theta}{\partial z^2} \right) - \frac{1}{\rho c_p} \left(\frac{\partial R_x}{\partial x} + \frac{\partial R_y}{\partial y} + \frac{\partial R_z}{\partial z} \right) - \frac{LE}{\rho c_p} \tag{3.16}$$

以上最后的式(3.16)热力学方程是有关温度的。由于温度在大气过程中不是保守量,因此写出的是关于位温 Θ 的守恒方程(同样,这里暂时使用大写的 Θ 代表总位温,为后面边界层方程的位温分解预留符号)。方程右边 3 项分别表示分子热传导、辐射加热(冷却)和潜热作用。其中 ν_θ 为分子热传导系数,R_x, R_y, R_z 为辐射通量,LE 为潜热。

> **[一本经典湍流著作]** Monin A S, Yaglom A M, 1971. *Statistical Fluid Mechanics*: *Mechanics of Turbulence* [M]. Massachusetts: MIT Press.

3.4　大气边界层

(1)边界层的引出

现代气象学大量引入其他学科的研究成果加以利用,变成有自己特色的内容。大气边界层的概念也是这样。流体在固壁上形成边界层,是一个流体力学的经典问题。本质上,这涉及到对流体的固壁边界条件的认识。现在已知,流动在静止固壁上的边界条件为:

$$u_n = 0; u_p = 0 \tag{3.17}$$

式中,下标 n 和 p 分别表示固壁的法线和切线方向。该边界条件的意义为,第一,流体没有穿过固壁的运动;第二,流体在固壁上没有滑移。第一个条件是显而易见的,第二个条件在早期并未取得统一认识。普朗特是最早清晰、准确认识到固壁条件、并在此基础上提出边界层概念的研究者。当时他倾向于使用过渡层这一名词,表示从固壁过渡到流体内部不再受壁面影响的这么一层流动。图 3.8 显示一个经典的半无限平板实验的边界层发展情况。当远处的均匀来流遇到与流动平行的平板后,流体形成一个厚度随下风距离而增加的边界层。边界层内的速度廓线从高处不受壁面影响,到下层速度逐步减小,直至壁面上速度为 0。

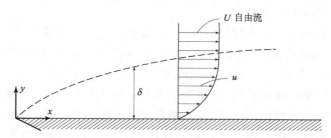

图 3.8　平行来流遇到平板形成边界层的情况(引自宣捷,2000)

平板边界层的发展又分两段,前段为层流边界层,各层流动有序,其后经历转捩,逐渐变为湍流边界层,如图 3.9。湍流边界层内有强烈的混合和随机运动。如前所述,层流向湍流的过渡或转捩一直是了解湍流机制所关心的过程,因此对其演变有大量的观测。现在一般认为,转捩的初期,流动出现某种形式的波动,波动进一步发展,出现间歇性、猝发式的湍流斑,然后湍流斑出现的频率和空间范围越来越大,直至充满边界层的全部空间,形成时间和空间上连续的湍流。

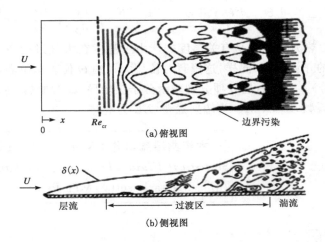

图 3.9　平板边界层从层流向湍流的转变(引自宣捷,2000)

（2）大气边界层的定义

实际大气边界层与实验室的平板实验情况当然不同,大气总是与地表相接触,通常没有那样一个随下风距离的发展过程(不连续下垫面的情况除外,如海陆交界处)。这样,大气边界层主要表现为一个垂直厚度层。可以从 3 个方面对大气边界层进行定义:①受地表影响、有典型日变化的低层大气;②湍流运动和输送作用不可忽略的低层大气;③有连续性湍流的低层大气。这些表述中强调了地表作用和湍流这两个重要因素。

气象学中,常常与边界层大气相对的是"自由大气",是指边界层以上,大气运动不再受地面的直接影响和制约,故称"自由"。

图 3.10 给出了大气在不同地表上的情况,如山地、平原、森林、水面、沙漠、冰雪覆盖等。大气在这些地表上形成相应的边界层,从地面过渡到自由大气(边界层顶如图中虚线)。可见边界层不仅受到太阳入射能量、地表性质、地形的影响,也受到云量、天气条件的影响。边界层是地表与大气相互作用的界面层、过渡层,也是人类最重要的"大气环境"空间。

（3）大气边界层的典型日夜演变

R. B. Stull(1988)在其《边界层气象学》中给出了陆地表面晴朗天气大气边界层的典型日夜演变,如图 3.11。可见白天的不稳定边界层从日出后开始发展,在上午或早晨时段穿过夜间的稳定边界层快速上升到 1～2 km 的高度,然后一直维持到傍晚。这一阶段边界层内有强烈的垂直混合,边界层顶可能有云出现;边界层顶与自由大气的交接、过渡处为一个薄的卷夹层,可将上层空气卷入边界层内。日落以后,边界层的上部湍流减弱,转变成残留层;下部受地表降温影响,从地表附近逐渐形成一个稳定边界层,厚度可达数百米,直至次日日出,完成一个周日循环。

（4）边界层的空间状况

大气边界层在较大范围会受到天气过程的影响,典型的情况是高压区边界层受上层大气的下沉作用抑制,低压区则因系统的上升运动,边界层受到抬升,如图 3.12。当然低压区多阴云,这种抬升作用是否能抵消辐射减小、地面加热减小的作用仍存疑。另外有云的情况下由于云内湍流运动与其下边界层存在相互作用,使边界层高度的确定也大成问题。因此该图仅有概念参考意义。

图 3.10　实际地面条件的大气边界层*

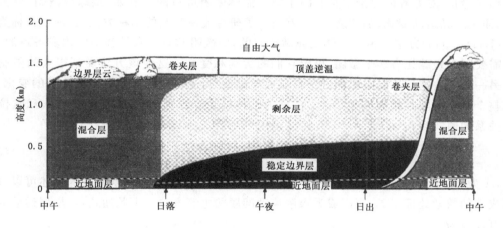

图 3.11　典型大气边界层日变化示意(引自 Stull,1988)

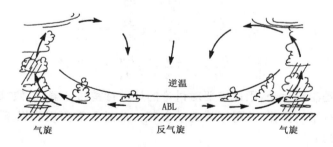

图 3.12　边界层的大范围空间变化(引自 Blackadar,1997)

---

* https://commons.wikimedia.org/wiki/File:PBLimage.jpg[2021-07-06].

（5）大气边界层的控制方程

通常大气边界层的厚度仅 1 km 左右，因此可以应用不可压缩性假设，即假设边界层大气运动过程中气体压缩和膨胀效应可以忽略。如此，质量守恒方程简化为：

$$\frac{\partial u}{\partial x} + \frac{\partial v}{\partial y} + \frac{\partial w}{\partial z} = 0 \tag{3.18}$$

将该方程代入运动方程，整理、简化分子黏性项后得：

$$\frac{\mathrm{d}u}{\mathrm{d}t} = -\frac{1}{\rho}\frac{\partial P}{\partial x} - f_1 w + fv + \nu\left(\frac{\partial^2 u}{\partial x^2} + \frac{\partial^2 u}{\partial y^2} + \frac{\partial^2 u}{\partial z^2}\right)$$

$$\frac{\mathrm{d}v}{\mathrm{d}t} = -\frac{1}{\rho}\frac{\partial P}{\partial y} - fu + \nu\left(\frac{\partial^2 v}{\partial x^2} + \frac{\partial^2 v}{\partial y^2} + \frac{\partial^2 v}{\partial z^2}\right)$$

$$\frac{\mathrm{d}w}{\mathrm{d}t} = -\frac{1}{\rho}\frac{\partial P}{\partial z} + fu - g + \nu\left(\frac{\partial^2 w}{\partial x^2} + \frac{\partial^2 w}{\partial y^2} + \frac{\partial^2 w}{\partial z^2}\right) \tag{3.19}$$

注意方程三个分量的最后一项为简化后的分子黏性或摩擦项［注意：分子黏性系数 ν（希小）与风速分量 v（英小）是不同的符号］。后面讨论大气湍流过程时，这些分子黏性项会作为小量忽略掉。

到此为止，对方程的讨论都是着眼于单个流体微团进行的。例如，跟踪该微团，分析其受力，从而了解其运动变化（加速度）。这就引出了研究流体问题的两种方法，目前这种称为拉格朗日（Lagrangian）方法。由于流体是充满空间的，而微团又必须取足够小以代表各点的运动，因此需要同时跟踪无穷多个微团，确定它们的运动和受力。这使该方法受到很大的限制和挑战。另一种方法则是从固定坐标的网格化框架出发，讨论每个网格单元中运动量的变化，最后合成整个流动场随时间的演变。该方法称为欧拉（Eulerian）方法。拉格朗日方法和欧拉方法之间关系的通式为：

$$\frac{\mathrm{d}A}{\mathrm{d}t} = \frac{\partial A}{\partial t} + u\frac{\partial A}{\partial x} + v\frac{\partial A}{\partial y} + w\frac{\partial A}{\partial z} \tag{3.20}$$

式中，A 为任一变量，方程右边为局地变化项和平流项。欧拉方法对空间场的描述可以方便地借用成熟的数学处理工具，因而成为求解流动问题的主流方法。由此通式，边界层运动的左边各项可以写为：

$$\frac{\mathrm{d}u}{\mathrm{d}t} = \frac{\partial u}{\partial t} + u\frac{\partial u}{\partial x} + v\frac{\partial u}{\partial y} + w\frac{\partial u}{\partial z}$$

$$\frac{\mathrm{d}v}{\mathrm{d}t} = \frac{\partial v}{\partial t} + u\frac{\partial v}{\partial x} + v\frac{\partial v}{\partial y} + w\frac{\partial v}{\partial z} \tag{3.21}$$

$$\frac{\mathrm{d}w}{\mathrm{d}t} = \frac{\partial w}{\partial t} + u\frac{\partial w}{\partial x} + v\frac{\partial w}{\partial y} + w\frac{\partial w}{\partial z}$$

大气边界层中是湍流运动，因此需要对讨论的量进行雷诺分解，以便求解出平均运动。这需要对运动方程进行平均操作，获得平均运动方程。此过程需要用到以下平均运算规则。对变量 A 和 B 和常数 c：

$$\overline{A + B} = \overline{A} + \overline{B} \tag{3.22}$$

$$\overline{cA} = c\overline{A} \tag{3.23}$$

$$\overline{\overline{A}} = \overline{A} \tag{3.24}$$

$$\overline{\overline{A}B} = \overline{A}\,\overline{B} \tag{3.25}$$

$$\overline{\frac{\partial A}{\partial t}} = \frac{\partial \overline{A}}{\partial t} \tag{3.26}$$

$$\overline{\frac{\partial A}{\partial x_i}} = \frac{\partial \overline{A}}{\partial x_i} \qquad (i = 1,2,3) \tag{3.27}$$

$$\overline{\int A \mathrm{d}x_i} = \int \overline{A} \mathrm{d}x_i \qquad (i = 1,2,3) \tag{3.28}$$

$$\overline{\int A \mathrm{d}t} = \int \overline{A} \mathrm{d}t \tag{3.29}$$

对雷诺分解 $\overline{A} = \overline{A} + A'$, $\overline{B} = \overline{B} + B'$,因为 $\overline{A'} = 0$, $\overline{B'} = 0$,故有:

$$\overline{AB} = \overline{A}\,\overline{B} + \overline{A'B'} \tag{3.30}$$

由此推导出边界层平均运动方程为:

$$\frac{\partial \overline{u}}{\partial t} = -\overline{u}\frac{\partial \overline{u}}{\partial x} - \overline{v}\frac{\partial \overline{u}}{\partial y} - \overline{w}\frac{\partial \overline{u}}{\partial z} - \frac{1}{\rho_0}\frac{\partial \overline{p}}{\partial x} + f\overline{v} - \left(\frac{\partial \overline{u'u'}}{\partial x} + \frac{\partial \overline{u'v'}}{\partial y} + \frac{\partial \overline{u'w'}}{\partial z}\right)$$

$$\frac{\partial \overline{v}}{\partial t} = -\overline{u}\frac{\partial \overline{v}}{\partial x} - \overline{v}\frac{\partial \overline{v}}{\partial y} - \overline{w}\frac{\partial \overline{v}}{\partial z} - \frac{1}{\rho_0}\frac{\partial \overline{p}}{\partial y} - f\overline{u} - \left(\frac{\partial \overline{v'u'}}{\partial x} + \frac{\partial \overline{v'v'}}{\partial y} + \frac{\partial \overline{v'w'}}{\partial z}\right)$$

$$\frac{\partial \overline{w}}{\partial t} = -\overline{u}\frac{\partial \overline{w}}{\partial x} - \overline{v}\frac{\partial \overline{w}}{\partial y} - \overline{w}\frac{\partial \overline{w}}{\partial z} - \frac{1}{\rho_0}\frac{\partial \overline{p}}{\partial z} + \frac{\theta'}{\theta_0}g - \left(\frac{\partial \overline{w'u'}}{\partial x} + \frac{\partial \overline{w'v'}}{\partial y} + \frac{\partial \overline{w'w'}}{\partial z}\right) \tag{3.31}$$

方程中平流项搬到了右边,称惯性力项;分子黏性项略去;多出了湍流速度脉动相关项。方程中垂直方向分量的处理使用了布西内斯克(Boussinesq)假设和静力平衡关系。将大气的基本参考态 (p_0, ρ_0, T_0) 与湍流扰动部分 (p, ρ, T) 剥离开,认为基本参考态符合状态方程和静力平衡:

$$p_0 = \rho_0 R_\mathrm{d} T_0$$

$$\frac{1}{\rho_0}\frac{\partial p_0}{\partial z} = -g \tag{3.32}$$

总气压 P 和位温 Θ 则可写为:

$$P = p_0 + p = p_0 + \overline{p} + p'$$

$$\Theta = \theta_0 + \theta = \theta_0 + \overline{\theta} + \theta' \tag{3.33}$$

由此导出因密度涨落引起的浮力项为

$$\frac{\rho'}{\rho_0} \approx -\frac{\theta'}{\theta_0} \approx -\frac{T'}{T_0} \tag{3.34}$$

这就是布西内斯克假设以及垂直运动方程中浮力项的由来。

[边界层平均运动方程使用不可压缩条件后,本来是难以反映密度变化引起的浮力作用的。但布西内斯克通过量级分析,巧妙地保留了密度涨落在垂直运动方程中的作用,从而可以反映边界层内的热对流运动。]

[布西内斯克方程推导的关键]

把式(3.21)的垂直运动方程的右边气压梯度力项和重力项写为:

$$-\frac{1}{\rho}\frac{\partial P}{\partial z} - g = -\frac{1}{\rho}\left(\frac{\partial P}{\partial z} + \rho g\right)$$

$$\frac{\partial P}{\partial z} + \rho g = \frac{\partial p_0 + p}{\partial z} + (\rho_0 + \rho')g = \left(\frac{\partial p_0}{\partial z} + \rho_0 g\right) + \left(\frac{\partial p}{\partial z} + \rho' g\right) = 0 + \frac{\partial p}{\partial z} + \rho' g$$

布西内斯克认为,虽然 ρ' 相对于 ρ_0 很小,以至于 $\rho = \rho_0 + \rho' \approx \rho_0$,但密度涨落与重力的乘积不可忽略,故这两项平均操作后有:

$$-\overline{\frac{1}{\rho} \frac{\partial P}{\partial z}} - g \approx \frac{1}{\rho_0} \frac{\partial \bar{p}}{\partial z} + \frac{\rho'}{\rho_0} g$$

由式(3.34),可用温度涨落取代上式的密度涨落项。因为温度涨落的测量更便捷。

　　从前述方程可以讨论雷诺数的意义。将运动方程的平流项(或惯性力项)与分子黏性项相比。惯性力项的量纲:

$$u \frac{\partial u}{\partial x} + v \frac{\partial u}{\partial y} + w \frac{\partial u}{\partial z} \Rightarrow O\left(\frac{U^2}{L}\right) \tag{3.35}$$

分子黏性项有:

$$\nu\left(\frac{\partial^2 u}{\partial x^2} + \frac{\partial^2 u}{\partial y^2} + \frac{\partial^2 u}{\partial z^2}\right) \Rightarrow O\left(\frac{\nu U}{L^2}\right) \tag{3.36}$$

二者之比为:

$$\left(\frac{U^2}{L}\right) \Big/ \left(\frac{\nu U}{L^2}\right) = \frac{UL}{\nu} = Re \tag{3.37}$$

可见雷诺数正是流体运动的惯性力项与分子黏性力项之比。大气边界层是高雷诺数湍流,分子黏性力相比于惯性力很小。但这并不是平均运动方程中忽略掉分子黏性力项的理由。的确,直到平均运动方程之前的边界层方程中都是保留分子黏性力项的。导致分子黏性力项可忽略的根本原因是,平均运动方程中新出现的湍流速度脉动相关项,或称湍流黏性力项。如果把分子黏性效应看作是微观的分子涨落造成的不同速度流体间的动量输送通量,湍流黏性则是宏观的湍流涨落造成的不同平均速度流体间的动量输送通量。显然这种宏观输送效率要远远高于微观分子涨落的效率,湍流黏性力远大于分子黏性力。因此在湍流平均运动方程中,分子黏性力项可以忽略。

　　大气边界层湍流的热力学能量方程,即位温方程也可平均、简化为:

$$\frac{\partial \bar{\theta}}{\partial t} = -\bar{u} \frac{\partial \bar{\theta}}{\partial x} - \bar{v} \frac{\partial \bar{\theta}}{\partial y} - \bar{w} \frac{\partial \bar{\theta}}{\partial z} - \left(\frac{\partial \overline{\theta' u'}}{\partial x} + \frac{\partial \overline{\theta' v'}}{\partial y} + \frac{\partial \overline{\theta' w'}}{\partial z}\right) + S_\theta \tag{3.38}$$

式中,S_θ 为引起位温变化的源汇项(非绝热因子)。方程中同样出现了热量的湍流输送项。

　　总结边界层平均运动方程组的推导,可见共有 5 个方程(1 个连续性方程,3 个运动方程,1 个位温方程)。状态方程已经在推导过程中运用于参考态中,不再出现。对应的 5 个待求解的平均量为 $\bar{u}, \bar{v}, \bar{w}, \bar{p}, \bar{\theta}$。表面上与方程数一致,实际上方程中新出现的湍流通量项都是未知的。因此未知量个数远多于方程个数,方程组不闭合。这也引出了湍流研究中一个著名问题:湍流闭合(turbulence closure),即,用其他量把这些新出现的湍流通量项表达出来,使方程组闭合,才有可能求解。

　　(6)湍流稳定度与湍流动能方程

　　前面介绍了大气静力学稳定度,那是衡量静力平衡状态下,大气是否会因温度层结而改变其静止状态的参数。湍流本身已处于运动状态,因此需要用动力学稳定度描述其状态变化性质,也称其为湍流稳定度。可以通过湍流动能方程判断湍流稳定度。记湍流动能为 $q^2 = \frac{1}{2}(\overline{u'^2} + \overline{v'^2} + \overline{w'^2})$,可推导出其控制方程为:

$$\frac{\mathrm{d}\overline{q^2}}{\mathrm{d}t} = -\frac{\partial}{\partial x_j}\left[\overline{u'_j\left(\frac{p'}{\rho}+q^2\right)}\right] - \overline{u'_i u'_j}\,\frac{\partial \overline{u}_i}{\partial x_j} - \varepsilon + \frac{g}{\theta}\,\overline{w'\theta'} \tag{3.39}$$

方程右边各项依次为:压力项、湍流应力做功项、湍流动能耗散率 $\varepsilon = \nu\,\overline{\left(\frac{\partial u'_i}{\partial x_j}+\frac{\partial u'_j}{\partial x_i}\right)\frac{\partial u'_i}{\partial x_j}}$ 和浮力做功项。这里用到了部分张量符号,如下标 i 和 j,有 $i=1,2,3$ 和 $j=1,2,3$,分别代表 x,y, z 方向的速度或坐标分量。压力项据认为只是起到使动能在 3 个方向重新分配的作用,对总动能的作用接近于 0。切应力做功项反映了湍流与平均运动的作用,湍流黏性使平均运动能量转化为湍流动能。耗散率项将湍流动能转变为热能。浮力做功分为两个方面:做正功时(浮力通量向上),使湍流动能增加;做负功时(浮力通量向下),使湍流动能减小。

湍流应力做功项完整的表达是:

$$\begin{aligned}
-\overline{u'_i u'_j}\,\frac{\partial \overline{u}_i}{\partial x_j} = &-\overline{u'^2}\,\frac{\partial \overline{u}}{\partial x} - \overline{u'v'}\,\frac{\partial \overline{u}}{\partial y} - \overline{u'w'}\,\frac{\partial \overline{u}}{\partial z} \\
&-\overline{v'u'}\,\frac{\partial \overline{v}}{\partial x} - \overline{v'^2}\,\frac{\partial \overline{v}}{\partial y} - \overline{v'w'}\,\frac{\partial \overline{v}}{\partial z} \\
&-\overline{w'u'}\,\frac{\partial \overline{w}}{\partial x} - \overline{w'v'}\,\frac{\partial \overline{w}}{\partial y} - \overline{w'^2}\,\frac{\partial \overline{w}}{\partial z}
\end{aligned} \tag{3.40}$$

(7)里查森数

由此可知,大气湍流动能的变化主要决定于 2 个因子:湍流切应力做功和浮力做功。耗散项总是湍流动能的汇。当湍流切应力做功无法抵消浮力做的负功和耗散时,湍流动能将减小,直至消亡。反之,湍流将维持或发展增强。这样,可以引入一个参量以描述湍流动能的变化,即:

$$Ri_f = -\frac{\text{浮力作功}}{\text{切应力作功}} = -\frac{\dfrac{g}{\theta}\,\overline{w'\theta'}}{-\overline{u'_i u'_j}\,\dfrac{\partial \overline{u}_i}{\partial x_j}} \tag{3.41}$$

式中,Ri 为里查森(Richardson)数,下标 f 表示为通量形式的 Ri 数。由于湍流黏性力项永远做正功,Ri 数的符号仅决定于浮力项:浮力项为正,$Ri<0$,湍流不稳定;浮力项为负,$Ri>0$,湍流稳定。实验显示,存在一个临界里查森数 Ri_c,数值约为 0.25,大于该值后湍流趋于消失。

对近地面大气,假设只有水平平均风速随高度的剪切,垂直速度为 0,且取 x 轴为平均风的方向,则有:

$$Ri_f = -\frac{\dfrac{g}{\theta}\,\overline{w'\theta'}}{-\overline{u'w'}\,\dfrac{\partial \overline{u}}{\partial z}} \tag{3.42}$$

对湍流通量项做进一步假设后,有:

$$-\frac{\dfrac{g}{\theta}\,\overline{w'\theta'}}{-\overline{u'w'}\,\dfrac{\partial \overline{u}}{\partial z}} = \alpha\,\frac{\dfrac{g}{\theta}\,\dfrac{\partial \overline{\theta}}{\partial z}}{\left(\dfrac{\partial \overline{u}}{\partial z}\right)^2} = \alpha Ri \tag{3.43}$$

式中,α 为某一经验系数,$Ri = \dfrac{\dfrac{g}{\bar\theta}\dfrac{\partial\bar\theta}{\partial z}}{\left(\dfrac{\partial\bar u}{\partial z}\right)^2}$ 称梯度形式的 Ri 数。这种形式全部使用平均量,应用方便。Ri 数是表示湍流稳定度最重要的参量之一。

(8)大气边界层的分类

大气边界层(atmospheric boundary layer,ABL)是根据湍流稳定度性质进行分类的,因此有稳定(stable)、不稳定(unstable)和中性(neutral)大气边界层。实际对应于浮力对湍流做负功、正功和浮力作用为 0(或可忽略)的 3 种情况。对典型陆地表面,稳定大气边界层通常出现在夜间,因此也称作夜间边界层(nocturnal boundary layer)。白天的不稳定边界层对应强烈的热力对流,也称为对流边界层(convective boundary layer)。中性边界层是一种特别的情况,但对理论研究很有意义。大气边界层又常常称作行星边界层(planetary boundary layer,PBL),因为其他行星大气也应该有类似情况。

3.5　实际大气边界层:结构与相似性

这里所谓实际大气边界层,其实仅限于均匀、定常的理想条件。均匀指不考虑水平方向的变化,定常指不考虑时间变化。对于水平均匀、平坦的地表和 10 min～1 h 的时间范围,这些条件近似成立。这样,就可集中探讨边界层有关性质随高度的变化(垂直结构)。

(1)结构描述:廓线,或垂直廓线

大气边界层的结构,主要是垂直结构,指各种气象参量随高度的变化。包括通常各平均气象参量如风、温、湿等,也包括各种湍流参量。所有这些参量的垂直变化在气象术语中称作廓线(profile),因此有所谓风廓线、温度廓线、湍流动能廓线、湍流感热通量廓线,等等。

(2)大气边界层的分层

大气边界层又可以进一步细分为不同的层次(图 3.13)。首先是最贴近地面的一薄层,称近地面层(surface layer),厚度约为整个边界层厚度的 10%。近地面层之上为边界层的内部(interior)或主体。从近地面层以上到边界层顶,需区分不同稳定度的情况考虑。对不稳定边界层,其内部主体混合强烈,边界层顶与上层自由大气有明显的分界,往往表现为物理量的不连续变化。当然这一分界面也有一定厚度,称为夹卷层(或挟卷,entrainment),起到将上层大气卷入边界层的作用。中性大气边界层的主体,理想情况下是连续过渡到上层自由大气的,没有明显分界,因此往往需要人为规定某一阈值作为边界层顶。当然实际大气的中性边界层经常在其上部有逆温层覆盖,形成边界层顶。这种情况会影响到对中性边界层高度的判断。

稳定边界层比较浅薄,湍流弱,边界层的上层甚至会有不连续的湍流,还经常出现波动现象。边界层顶也很不明确,物理量连续地过渡到上层自由大气。有关不同大气边界层的分层情况见图 3.13。

(3)近地面层与微气象学

近地面层是研究最多、最透彻、成果也最扎实丰富的一层。专注于近地面气象过程的研究已成为一个完整的学科分支:微气象学(Haugen,1984)。这可能部分是因为近地面层的观测实验最容易实现。当然,研究过程中,若干关键概念和思想的引入,为近地面层以及整个边界层的认识奠定了基础。

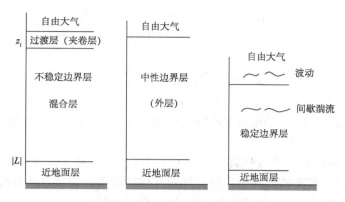

图 3.13　边界层的垂直分层结构

近地面层可以定义为:边界层下部与地面直接接触、地面对其影响占主导地位的一层大气。该层厚度远小于整个边界层的厚度,约为其 1/10。注意把近地面层与边界层的定义相比较,前者指地表影响占主导地位、起决定性作用,后者指地表影响不可忽略。因此可看作是地面影响的前 10% 和后 10% 的关系。既然地表对它起决定性作用,也就意味着其他作用可以忽略。

首先说明,地表与大气的相互作用是用二者间的物理量交换通量加以定量描述的。对近地面层,不考虑辐射影响,主要关注地面与大气的湍流通量交换,则有:

动量通量:　　　　　　　　　　　$\tau = - \rho \overline{u'w'}$　　　　　　　　　　　　　　　(3.44)

感热通量:　　　　　　　　　　　$H = \rho c_p \overline{w'\theta'}$　　　　　　　　　　　　　　(3.45)

水汽通量:　　　　　　　　　　　$E = \rho \overline{w'q'}$　　　　　　　　　　　　　　　(3.46)

潜热通量:　　　　　　　　　　　$\lambda E = \rho \lambda \overline{w'q'}$　　　　　　　　　　　　　(3.47)

二氧化碳或污染物通量:　　　　　$F_c = \rho \overline{w'c'}$　　　　　　　　　　　　　　(3.48)

式中,ρ 为空气密度,c_p 是空气的比定压热容,λ 是单位质量水汽的汽化潜热。这些量反映了湍流作用导致的地面与大气之间的交换,用单位时间单位面积的交换量表示。实际为交换的通量密度(flux intensity),但习惯上称之为通量。注意规定动量通量 τ 向下为正(因为动量总是向下输送,即大气总是向地面输送动量),因此特意取负号。这里将 x 坐标取为与平均风速 $\overline{u}$ 的方向一致,而且近地面层很薄,可以近似认为风向随高度不变,因此动量通量简化为公式所示的一个分量。动量通量也称为黏性应力,这是看待该物理量的另一个角度。从其单位可知(kg·m/s)/(m²·s)=(kg·m/s²)/m²=N/m²,为单位面积的力,即应力,反映地面对大气运动的拖曳、摩擦阻滞作用。其他通量的值皆可正可负,正值表示地面向大气输送(源),负值表示大气向地面输送(汇)。

在近地面层中,认为湍流通量随高度不变,是一个等于其地面值的常数。这就是所谓的常通量层假设,故近地面层又称常通量层。从边界层的定义可知,地面对大气的作用在整个边界层中是随高度递减的,至边界层顶减为 0。对于离地面最近的一薄层大气,如果厚度远小于边界层的厚度,则其内湍流通量的变化可以忽略。据此分析,该常通量层是存在的。一般认为 1/10 的边界层厚度即是一个小量,这正是所取的近地面层厚度。

从动量通量和感热通量等可以定义地面-大气湍流相互作用的几个特征尺度(当然也是近地面层的特征尺度),如下:

摩擦速度 u_* ：   令 $\overline{u'w'} = -u_*^2$ ，故 $u_* = \sqrt{-\overline{u'w'}}$ (3.49)

特征温度 T_* ：   令 $\overline{w'T'} = -u_* T_*$ ，故 $T_* = -\overline{w'T'}/u_*$ (3.50)

类似地还有：

特征比湿 q_* ： $q_* = -\overline{w'q'}/u_*$ (3.51)

特征浓度 c_* ： $c_* = -\overline{w'c'}/u_*$ (3.52)

以上定义隐含的意义是，近地面湍流特征可用地－气相互作用的通量表达。这为寻找近地面层湍流的控制参量埋下了伏笔。

近地面层最重要的理论成果是莫宁－奥布霍夫相似性（Monin-Obukhov similarity）。其核心思想是，近地面层湍流特性完全由地－气相互作用的热力和动力 2 方面因子决定，即决定于湍流感热通量和动量通量。而这两个通量，除了构成湍流的速度尺度（摩擦速度）和温度尺度以外，还可以构成一个长度尺度，称奥布霍夫长度（Obukhov length）：

$$L = -\frac{u_*^3}{\kappa \dfrac{g}{\theta_0} \overline{w'\theta'}}$$ (3.53)

式中，κ 为卡曼（von Karman）常数。这样，近地面层共有 4 个独立的尺度，即 u_*，T_*，L 和高度 z。莫宁-奥布霍夫相似性理论认为，近地面层的不同湍流特性都可以用这 4 个量加以表达。量纲分析方法可用来确定这种表达关系。

有关奥布霍夫长度，需注意几点。①它是一个有量纲的量，单位为 m，故称长度；但其数值可正可负，变化范围从负无穷到正无穷。②其绝对值可作为一个特征长度尺度，表示边界层中，湍流的浮力作用与动力作用相当的高度。③它同时还是大气边界层湍流稳定度的判别标志之一，负值为不稳定，正值为稳定，负无穷或正无穷为中性。

[量纲分析与白金汉 II 定律

白金汉（Buckingham）提出：设影响某现象的物理量数为 n 个，这些物理量的基本量纲为 m 个，则该物理现象可用 $N = n - m$ 个独立的无量纲数群（准数）关系式表示。如，变量数 $n = 7$ 个，表示这些物理变量的基本量纲 $m = 3$，有质量 [M]、长度 [L] 和时间 [T]。由 II 定律可知，可以整理得到 4 个无量纲数群。此即**白金汉 II 定律**。

当某一物理量与其他物理量有关时，则可假设这一物理量与其他物理量的指数次方成正比。这叫作 Lord Rylegh 指数法。

注意：应用量纲分析的过程中，必须对所研究的问题有本质的了解。如果有一个重要的变量被遗漏，那么就会得出不正确的结果，甚至导致谬误。所以应用量纲分析法必须持谨慎态度。

莫宁-奥布霍夫相似性在近地面层中应用的标志性成果，是指导通量－廓线关系的建立。这里通量指地－气相互作用的湍流通量（可用 u_*，T_* 等代表），廓线指对应平均量随高度的变化（如 $\partial\overline{u}/\partial z$、$\partial\overline{\theta}/\partial z$ 等）。运用量纲分析工具，获得近地面层位温梯度、风速梯度、感热通量、动量通量之间的关系为：

$$\frac{\kappa z}{u_*}\frac{\partial\overline{u}}{\partial z} = \varphi_m\left(\frac{z}{L}\right)$$

$$\frac{\kappa z}{T_*} \frac{\partial \bar{\theta}}{\partial z} = \varphi_h \left(\frac{z}{L} \right) \qquad (3.54)$$

式中,左边分别为无因次风速梯度和无因次位温梯度,右边为相应变量的相似性函数。对于被动标量水汽和污染物浓度,一般取其相似性函数与感热的相同,故有:

$$\frac{\kappa z}{q_*} \frac{\partial \bar{q}}{\partial z} = \varphi_h \left(\frac{z}{L} \right) \qquad (3.55)$$

$$\frac{\kappa z}{c_*} \frac{\partial \bar{c}}{\partial z} = \varphi_h \left(\frac{z}{L} \right) \qquad (3.56)$$

[量纲分析实例 1:莫宁—奥布霍夫长度的导出]

考虑 3 个物理量 u_*,$\frac{g}{\theta_0} \overline{w'\theta'}$,$z$,以 l 代表长度,t 代表时间,则其量纲分别为 $\frac{l}{t}$,$\left(\frac{l}{t^2} \frac{l}{t} \right)$,$l$。由白金汉定律,变量数 3—量纲数 2 = 1,可以确定 1 个无因次群。使用 Lord Rylegh 指数法,有:

$$\Pi = u_*^a \left(\frac{g}{\theta_0} \overline{w'\theta'} \right)^b z^c = \left(\frac{l}{t} \right)^a \left(\frac{l}{t^2} \frac{l}{t} \right)^b l^c \qquad (3.57)$$

为使右侧量纲为 0(无因次量),需有

$$\begin{cases} l: a + 2b + c = 0 \\ T: a + 3b = 0 \end{cases} \qquad (3.58)$$

这是一个不定方程组,令 $c=1$,得:$b=1$,$a=-3$。由此得到:

$$\Pi = u_*^{-3} \left(\frac{g}{\theta_0} \overline{w'\theta'} \right)^1 z^1 = \frac{z}{u_*^3 / \left(\frac{g}{\theta_0} \overline{w'\theta'} \right)} \qquad (3.59)$$

可见导出了一个长度尺度为 $L \propto u_*^3 / \left(\frac{g}{\theta_0} \overline{w'\theta'} \right)$,这就是奥布霍夫长度(仅差一系数)。

[量纲分析实例 2:通量—廓线关系的导出]

该问题有 6 个物理量:u_*,T_*,z,L,$\left(\frac{\partial \bar{u}}{\partial z} \right)$,$\left(\frac{\partial \bar{\theta}}{\partial z} \right)$。以 l 代表长度,t 代表时间,K 代表温度,则其量纲分别为 $\frac{l}{t}$;K;l;l;$\frac{l/t}{l} = \frac{1}{t}$;$\frac{K}{l}$。由白金汉定律,变量数 6—量纲数 3 = 3,可以确定 3 个无因次群。使用 Lord Rylegh 指数法,有:

$$\Pi = \left(\frac{\partial \theta}{\partial z} \right)^a \left(\frac{\partial u}{\partial z} \right)^b L^c z^d u_*^e T_*^f = \left(\frac{K}{l} \right)^a \left(\frac{1}{t} \right)^b l^c l^d \left(\frac{l}{t} \right)^e K^f \qquad (3.60)$$

为使右侧量纲为 0(无因次量),需有:

$$\begin{cases} K: a + f = 0 \\ l: -a + c + d + e = 0 \\ t: -b - e = 0 \end{cases} \qquad (3.61)$$

对此不定方程组,令 $a=1$,$f=-1$,$c=e=0$,得:$d=1$,$b=1$,有:

$$\Pi_1 = \left(\frac{\partial \theta}{\partial z}\right)^1 z^1 T_*^{-1} \tag{3.62}$$

令 $b=1$，$c=f=0$，得：$e=-1$，$a=0$，$d=1$，有：

$$\Pi_2 = \left(\frac{\partial u}{\partial z}\right)^1 z^1 u_*^{-1} \tag{3.63}$$

令 $a=0$，$b=0$，$d=1$，得：$f=0$，$e=0$，$c=-1$，有：

$$\Pi_3 = \frac{z}{L} \tag{3.64}$$

三个无因次量之间可能有某种函数关系，如 $\varphi(\Pi_1, \Pi_2, \Pi_3) = 0$。因为 $\Pi_3 = z/L$ 是无因次化高度变量，因此假设 Π_1，Π_2 与其有函数关系：

$$\Pi_1 = \left(\frac{\partial \theta}{\partial z}\right)^1 z^1 T_*^{-1} = \varphi_h(\Pi_3)$$
$$\Pi_2 = \left(\frac{\partial u}{\partial z}\right)^1 z^1 u_*^{-1} = \varphi_m(\Pi_3) \tag{3.65}$$

可见，这正是通量—廓线关系的无因次化形式。

　　莫宁-奥布霍夫相似性理论在导出通量—廓线函数关系的过程中，表现很精彩。不过这些假设和推演是否合理、准确，需要实验检验。另外，上述方程中各无因次量之间关系的具体函数形式，也需要由实验确定。这就需要介绍近地面层研究中同样堪称经典的实验工作：Kansas 实验。正是通过该实验，边界层气象学中首次建立了大气与地表湍流相互作用的定量关系，如图 3.14。注意图 3.14 中记稳定度参数 $\zeta = z/L$。

[经典文献] Businger J A, Wyngaard J C, Izumi Y, Bradley E F, 1971. Flux profile relationships in the atmospheric surface layer[J]. J Atmos Sci, 28:181-189.

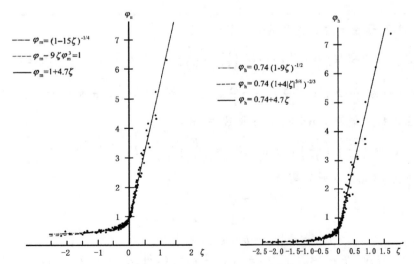

图 3.14　实验获得的式(3.54)的函数形式(经验曲线)

(引自 Businger et al., 1971)

　　总结 Kansas 实验结果获得的动量与感热的通量－廓线关系函数形式为(Businger et al. 1971)：

不稳定条件($\zeta = z/L < 0$)：

$$\varphi_m(z/L) = (1 - 15z/L)^{-1/4} \tag{3.66}$$

$$\varphi_h(z/L) = 0.74(1 - 9z/L)^{-1/2} \tag{3.67}$$

稳定条件($\zeta = z/L > 0$)：

$$\varphi_m(z/L) = 1 + \beta_m z/L \tag{3.68}$$

$$\varphi_h(z/L) = 0.74 + \beta_h z/L \tag{3.69}$$

其中 $\beta_m = \beta_h = 4.7$ 。当然这类开创性的工作总是带有某种原始粗糙性,例如,与这套函数及经验系数相适应的卡曼常数取值 $\kappa = 0.35$。后来的研究一致认为,这一系数的取值偏小。

　　其后 Dyer(1974)总结了另一组函数形式,影响很大。

$$\varphi_m(z/L) = (1 - 16z/L)^{-1/4}, \varphi_h(z/L) = (1 - 16z/L)^{-1/2}, \quad L < 0 \tag{3.70}$$

$$\varphi_m(z/L) = \varphi_h(z/L) = 1 + 5z/L, \quad L \geqslant 0 \tag{3.71}$$

这组经验公式取卡曼常数 $\kappa = 0.4$,是一个较合理的值。

> [另一经典文献] Dyer A, 1974. A review of flux-profile relationship [J]. Boundary Layer Meteorology, 7:363-372.

　　有关通量－廓线关系相似性函数的普适性其后仍在不断探讨,如 Foken(2008)引述了对 Businger et al. (1971)早年公式的重新整理(re-formulated the universal functions),认为应取为：

$$\varphi_m(z/L) = (1 - 19.3z/L)^{-1/4}, \quad (-2 < z/L < 0) \tag{3.72}$$

$$\varphi_m(z/L) = 1 + 6z/L, \quad (0 < z/L < 1) \tag{3.73}$$

$$\varphi_h(z/L) = 0.95(1 - 11.6z/L)^{-1/2}, \quad (-2 < z/L < 0) \tag{3.74}$$

$$\varphi_h(z/L) = 0.95 + 7.8z/L, \quad (0 < z/L < 1) \tag{3.75}$$

注意这里给出了公式的稳定度范围,这是在之前的公式中所忽略的细节。因为实验的确没有覆盖很稳定和很不稳定的情况。整理后的公式取 $\kappa = 0.40$；普朗特数为 $Pr_t = 1.05^{-1}$。

　　中性条件下,$L \to \infty$,$\varphi_m(0) = 1$,因此直接积分式(3.54)的风速方程获得风速随高度的变化关系为：

$$\bar{u}(z) = \frac{u_*}{\kappa} \ln \frac{z}{z_0} \tag{3.76}$$

这就是有名的对数风速廓线。其中 z_0 称动力学粗糙度,由地表特征决定。数学上,z_0 是对数风廓线向下延伸至风速为 0 处的高度值。

　　近地面层通量－廓线关系的意义在于把湍流通量项与平均量的梯度项联系了起来,有巨大的应用价值。例如,只需观测平均量的梯度,即可计算地面源、汇项大小；又如,根据模式中近地面风速、温度随高度的变化,可以计算地面对大气的湍流黏性应力大小和热量交换通量。因此,通量－廓线关系的建立对气象观测与模拟两方面都影响深远。不过,莫宁-奥布霍夫相似性理论却不等同于通量－廓线关系,而是包含更广义的内容。例如,它推断了以下湍流统计量的相似性关系,并由实验获得了相应的经验函数表达：

$$\varphi_w = \frac{\sigma_w}{u_*} = \begin{cases} 1.25(1-3z/L)^{1/3} & (L<0) \\ 1.25(1+0.2z/L) & (L>0) \end{cases}$$

$$\varphi_\theta = \frac{\sigma_\theta}{|\theta_*|} = \begin{cases} 2(1-9.5z/L)^{-1/3} & (L<0) \\ 2(1+0.5z/L)^{-1} & (L>0) \end{cases}$$

$$\varphi_\varepsilon = \frac{kz\varepsilon}{u_*^3} = \begin{cases} [1+0.5|z/L|^{2/3}]^{3/2} & (L<0) \\ (1+5z/L) & (L>0) \end{cases}$$

$$\varphi_{\lambda w} = \frac{\lambda_{mw}}{z} = \begin{cases} 6[1+2\exp(2.5z/L)]^{-1} & (L<0) \\ 2(1+1.8z/L)^{-1} & (L>0) \end{cases} \tag{3.77}$$

这里各项分别是近地面层湍流垂直速度标准差、位温标准差、湍流动能耗散率和湍流能谱极大值波长的无因次化结果。($L>0$)和($L<0$)表示稳定和不稳定条件。

(4)中性大气边界层的相似性

中性大气边界层原理非常简化：地面与大气的感热交换通量为 0（浮力作用项为 0），决定边界层特性的只有湍流黏性应力项（或切应力做功项）。在平坦、水平均匀、定常条件下，边界层方程(3.31)中的水平导数项和时间导数项都略去；平均垂直运动速度 $\bar{w}=0$，故不考虑垂直运动方程。因此方程简化为：

$$0 = -\frac{1}{\rho_0}\frac{\partial \bar{p}}{\partial x} + f\bar{v} - \frac{\partial \overline{u'w'}}{\partial z}$$
$$0 = -\frac{1}{\rho_0}\frac{\partial \bar{p}}{\partial y} - f\bar{u} - \frac{\partial \overline{v'w'}}{\partial z} \tag{3.78}$$

对该方程中的气压梯度项，可以用地转风的形式加以表达：

$$u_g = -\frac{1}{f\rho_0}\frac{\partial \bar{p}}{\partial y}$$
$$v_g = +\frac{1}{f\rho_0}\frac{\partial \bar{p}}{\partial x} \tag{3.79}$$

另外假设：

$$\overline{u'w'} = -K\frac{\partial \bar{u}}{\partial z}$$
$$\overline{v'w'} = -K\frac{\partial \bar{v}}{\partial z} \tag{3.80}$$

取系数 K 为常数并旋转方程的 x 坐标与地转风一致，则可以求出该方程的解为：

$$\bar{u} = u_g(1 - e^{-\gamma z}\cos\gamma z)$$
$$\bar{v} = u_g e^{-\gamma z}\sin\gamma z \tag{3.81}$$

其中 $\gamma = (f/2K)^{1/2}$。这一解就是著名的埃克曼螺线（Ekman spiral），如图 3.15。图 3.15 中螺线上各点代表不同高度风矢量的端点。在地面附近风向偏于低压一侧，随着高度增加，风速、风向趋于与地转风一致。

中性大气边界层的这一解析解虽然是在假设 K 为常数的条件下得到的，它反映的边界层风速随高度的变化特性却与实际相符甚好。从这一解中还能看出中性大气边界层高度的信息。设边界层顶为埃克曼螺线第一次与地转风方向一致的高度，令(3.81)式中 $\bar{v}=0$，有 $\sin\gamma z = 0$，故：

$$\gamma z = \pi \tag{3.82}$$

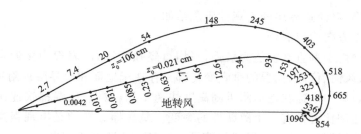

图 3.15　不同地表粗糙度条件的埃克曼螺线

（引自 Haugen，1984）

即有边界层高度 h 为：

$$h = \pi/\gamma = \pi(2K/f)^{1/2} \tag{3.83}$$

对系数 K 进行量纲和控制参量分析，取 $K \sim u_*^2/f$，则有：

$$h = cu_*/f \tag{3.84}$$

这就是中性大气边界层高度的经验估算公式，其中常数 c 取值在 $0.15 \sim 0.4$ 之间。

　　实际大气边界层的风速变化与埃克曼螺线形式有所偏差。其中一个重要因素是 K 随高度变化，而不是一个常数。因此埃克曼解只是一个一级近似。但方程（3.78）看似简单，却深刻反映了边界层中大气运动与受力的关系：气压梯度力、科里奥利力和湍流黏性力三者平衡。

> **[海里与大气的埃克曼流动]** 埃克曼螺线形式的速度廓线其实最初应用于海上洋流随深度的变化。当表面洋流被风力驱动时，总是与风向保持一定的夹角。研究发现，这是因为洋流受表面风应力驱动，同时受科里奥利力和下层海水的摩擦阻力（黏性力）作用，因此表面流并不与风向一致。海面下各层的速度逐渐减弱为 0，速度矢量端点构成埃克曼螺线。大气边界层与海洋流动的埃克曼螺线关系见图 3.16。

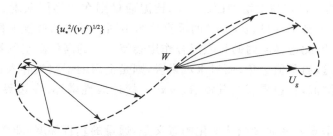

图 3.16　海洋与大气的埃克曼螺线（引自 Nieuwstadt and Dop，1984）

（W 为海面流动速度，U_g 为地转风速。左右螺线分别为随海洋深度和随大气高度的变化。

海面风速明显与洋流方向有一个夹角）

（5）不稳定大气边界层特性

　　近地面层相似性理论的成功鼓舞了对整个边界层的相似性研究。取得重要成果的是不稳定边界层，又称对流边界层。其主要特征是地面加热强，边界层内以热力湍流（浮力作用）为主，大涡旋普遍存在。机械湍流（切应力做功）贡献小，甚至可忽略（即，自由对流情况）。

基于观测结果,对流边界层的宏观性质总结如下。

1)平均量垂直方向均匀混合

对流边界层中由于垂直交换能力极强,平均量经强烈混合,表现为接近常数的形式,如图 3.17。图中风速、风向、位温、比湿的垂直变化都只存在于地面和边界层顶附近,边界层内大部分区域接近均匀。其中风速在地面附近随高度快速增加,位温、比湿都快速减小;边界层顶附近位温、风向、风速和比湿都有一个跳跃性的突变。最具标志性的是出现强逆位温的位置,一般据此确定对流边界层的高度(习惯用的符号 z_i 的下标 i 即由此而来,指 inversion)。

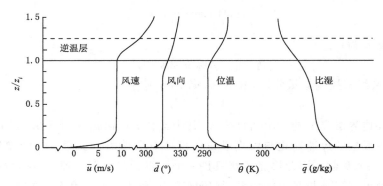

图 3.17　不稳定边界层内平均量的廓线

值得指出的是,对流边界层中部位温接近均匀分布,从静力学稳定度来看是近中性的。实际却是很不稳定的大气状态,而且这种状态还延伸至边界层顶附近,该处已经出现弱的逆位温,即静力学稳定状态。可见,平均位温(或温度)层结不完全反映湍流状态。

2)垂直湍流通量线性变化

对流边界层中,地表是热量和水汽的源,通量向上;动量则总以地面为汇,通量向下。模型化(或理想化)的对流边界层湍流通量垂直分布如图 3.18。由图 3.18 可见,热量和水汽的湍流通量都以地面最大,随高度几乎线性减小。所不同的是,感热通量在边界层顶附近一直减小为 0,并出现负值,然后再随高度增加而趋于 0;比湿通量则在边界层顶附近加速减小,趋近于 0。这二者的差别在于其平均量($\bar{\theta}$ 和 $\bar{q}$)的垂直分布不同。高空的位温 θ 数值较大,而水汽稀少,$\bar{q}$ 值通常很小。因此边界层内的强烈混合作用会使上层的高位温空气卷入边界层内(卷夹过程),热量向下输送,通量值为负;而对水汽来说,则是上层的干空气卷入边界层,加速空气干燥。动量通量与此类似,在边界层内其负值($\overline{u'w'}$)接近线性增加,在边界层顶附近加速增至数值为 0。

对流边界层内垂直湍流通量线性变化的意义是,通量的垂直梯度(即通量散度)接近常数,这说明整个边界层受到同步驱动:位温、比湿同步增加,各层受力一致。

> [通量对某层大气的影响,并不在于其数值的大小,而在于经过该层的通量差或梯度。梯度越大,说明该层受到的影响越大。如感热、水汽通量梯度大,该层加热、加湿的作用就强;动量通量梯度大,受力就大。]

3)边界层内以大涡运动为主

观测显示,对流边界层内具有典型的泡状运动结构,如图 3.19。这些热泡(thermal)从边界层低层上升,贯穿整个边界层,随时间而不断产生、发展、消亡。这些热泡看起来是有组织的,但其出现的时间、空间位置却是完全随机的,表现出典型的湍流特点。该图还显示了热泡的尺度关系。如,水平方向,热泡尺度约为 1 km,垂直方向热泡延伸高度约 $0.6 \sim 0.7$ km,水平一垂直尺度比约为 1.5 左右。另外可以看出,热泡顶部与位温廓线的跳跃性逆转位置相重合,表明这正是边界层顶的位置。

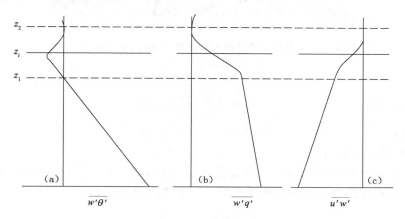

图 3.18　不稳定边界层垂直湍流通量廓线

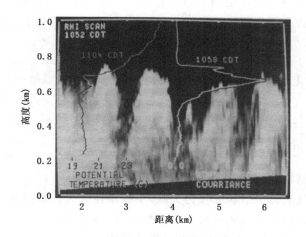

图 3.19　声雷达探测的热泡结构和位温廓线

(引自 Stull,1988)

Wyngaard(1990)进一步画出对流边界层内运动与涡旋结构的示意关系(图 3.20):上升的热泡区域与下沉区域交替出现,形成贯穿边界层的转动结构;平均风携带着这些大涡以及与之相互作用的小尺度涡旋向下风方向传输。整个边界层充满了活跃的湍流运动。

基于相似性分析,不稳定边界层的支配因子是:地面感热通量 $Q_s = (\overline{w'\theta'})_0$、高度 z 和边界层高度 z_i。量纲分析获得 3 个特征尺度如下。

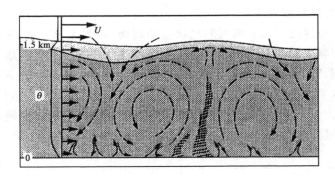

图 3.20　不稳定边界层内大涡结构、位温、风速、卷夹层示意

(引自 Wyngaard，1990)

对流速度尺度：
$$w_* = \left[\frac{g}{\theta} (\overline{w'\theta'})_0 z_i \right]^{1/3} \tag{3.85}$$

温度尺度：
$$T_* = \theta_* = (\overline{w'\theta'})_0 / w_* \tag{3.86}$$

特征时间（翻转时间）：
$$t_* = z_i / w_* \tag{3.87}$$

可见 w_* 的导出最为关键，也反映了不稳定边界层与中性或近地面层速度尺度（摩擦速度 u_*）的显著不同。不稳定边界层内对流速度尺度与摩擦速度的关系为：

$$\frac{w_*}{u_*} = \left(\frac{1}{\kappa} \frac{z_i}{|L|} \right)^{1/3} \tag{3.88}$$

因此也可用 $z_i / |L|$ 判断边界层的不稳定程度。一般认为，$z_i / |L| > 5$ 为典型混合层或对流边界层、很不稳定状态；$z_i / |L| \in (0.2 \sim 5)$ 为亚不稳定边界层；$z_i / |L| < 0.2$ 为近中性情况。也有人认为当 $z_i / |L| < 1.4$，则机械湍流作用开始变得重要。

> **[对流边界层有关参量的典型数值]** 取陆面地面白天典型感热通量值 $(\overline{w'\theta'})_0 = 0.2 \mathrm{K} \cdot (\mathrm{m/s})$，对应于 $H = \rho c_p \overline{w'\theta'} \approx 200 \mathrm{~W/m^2}$。另外取 $z_i = 1000 \mathrm{~m}$，$g = 9.8 \mathrm{~m/s^2}$，$\bar{\theta} = 293 \mathrm{~K}$，则有：$w_* = 1.88 \mathrm{~m/s}$，$T_* = \theta_* = (\overline{w'\theta'})_0 / w_* \approx 0.1 \mathrm{K}$，$t_* = z_i / w_* = 532 \mathrm{~s} \sim 10 \mathrm{~min}$。

(6)稳定大气边界层特性

相对而言，稳定大气边界层的研究较为欠缺，不确定性较大。原因是多方面的，主要如下：

· 稳定边界层内湍流弱、湍流涡旋尺度小，探测分析难度增大；

· 地形的微小坡度可显著改变稳定边界层流动性质；

· 稳定条件下大气辐射效应通常不可忽略；

· 稳定边界层存在波动和间歇性湍流，以及波—湍流相互作用；

· 稳定边界层的平衡时间长，具有非定常性。

可见，稳定边界层受多方因素影响，其控制参量不像对流边界层中那样主次明确、特征分明。因此，相似性分析的难度增大。例如，夜间边界层的平衡时间大致为：

$$\tau_R = \frac{h}{0.01 u_*} \tag{3.89}$$

式中，h 为边界层高度。按典型参数估计，$\tau_R \approx 7 \sim 30 \mathrm{~h}$。因此边界层可能整夜都未达成平衡状态。为了避免这种日夜变化影响，一些实验研究甚至选在极地的极夜时段进行。由此看出研究的挑战性。图 3.21 为一个稳定边界层的平均廓线观测实例。可见边界层高度在 100～200 m 之间，是一个很浅薄的气层。为了显示清楚该薄层的结构，图中使用了对数坐标。图 3.21 中显示边界层顶以下是很强的逆位温状态，风速在边界层顶附近达到一个极大值（低空急流），风向也有明显的改变。

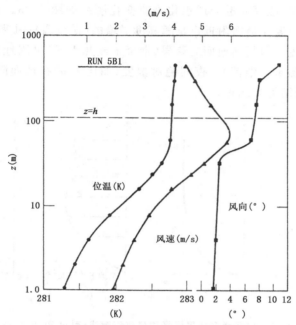

图 3.21　稳定边界层平均参量的廓线观测实例

（引自 Venkatram and Wyngaard，1988）

对稳定边界层，Wyngaard（1990）也给出了一个示意图（图 3.22）。图中显示了稳定边界层的明显分层特性。其中边界层高度约 200 m，该层维持连续性的湍流，再上层出现间歇性湍流，有些层湍流消失，而另一些高度又有不连续的湍流出现。

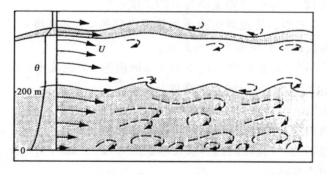

图 3.22　稳定边界层内湍流、间歇湍流、位温、风速和急流示意

（引自 Wyngaard，1990）

稳定边界层内湍流的易变状态也与低空急流的演变有某种联系。一般认为，随着夜间边

界层稳定度增强,湍流减弱,上层空气与地面间通过湍流交换而形成的耦合关系削弱,地面对大气的摩擦、拖曳作用也减弱,边界层顶附近由于惯性作用造成的低空急流增强。当急流的速度增大,与下方空气的速度剪切变大,Ri 数小于某临界值后,湍流可能突然爆发增强,达到地面。上层的动量通过这种湍流交换输送到地面后,自身速度减小,急流减弱,稳定层结重新使湍流减弱。于是夜间边界层湍流往往呈现间歇式爆发与减弱的现象。

　　稳定边界层内风、温、湿等参量的理想化垂直变化廊线如图 3.23。起自地面的逆温是稳定边界层的重要特征;位温在地面附近也是随高度逆增的(逆位温);风速往往在数百米高度出现极大值(夜间低空急流),但紧贴地面的薄层(十余米或几十米)可因地形不同而出现局地下坡流动(drainage,下泄流或下泄流)。夜间绝对湿度(如比湿 q)在地面附近会略小,因为地表冷却易使多余的水汽凝结为露或霜。

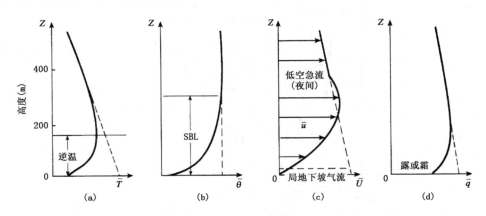

图 3.23　夜间稳定边界层平均量典型廊线(引自 Stull,1988)
(a)温度;(b)位温;(c)风速;(d)比湿

　　稳定大气边界层高度的确定遇到不小的困难。总结起来,大致有以下判别标准:
- $\partial \bar{\theta}/\partial z = 0$,静力学稳定层顶,即温度递减率达到绝热的高度;
- $\partial \bar{T}/\partial z = 0$,逆温层顶,即温度递减率达到等温的高度;
- TKE＝0,湍流层顶,湍流动能减小为 0 的高度;
- TKE ＝ 0.05 TKE$|_s$,湍流动能减小为其地面值的 5% 的高度;
- $\overline{u'w'} = 0$,湍流切应力减小为 0 的高度;
- $\overline{u'w'} = 0.05 \overline{u'w'}|$,湍流切应力减小为其地面值的 5% 的高度;
- $\bar{U}$ 达到极大值的高度,即夜间急流高度;
- $\bar{U} = \bar{G}$,平均风速与自由大气的地转风一致的高度;
- 声雷达信号消失的高度(可探测到湍流温度脉动的气层)。

　　可见这些标准极不统一,获得的边界层高度也出入很大(如图 3.23)。这从另一方面反映出稳定边界层研究的不成熟。

　　实用中当然关心稳定边界层的相似性参数和边界层厚度。可以取边界层支配因子:

$$u_{*0}, L = -\frac{u_{*0}^3}{k \dfrac{g}{\theta} \overline{w'\theta'}}, z, f$$

其中 u_{*0} 是地面摩擦速度,其他参量与近地面层中相同。按中性大气边界层的高度估算,有 $h \sim (K/f)^{1/2}$,进一步令 $K = u_* u_{*0}/f$,则有 $h \sim u_{*0}/f$。这与中性大气边界层高度公式形式完全一样。这一形式的缺点是没有反映稳定度的作用,因此有人引入 $K = u_{*0}L$,从而导出稳定边界层的高度公式为 $h = \gamma_c (u_{*0}L/f)^{1/2} \approx 0.4(u_{*0}L/f)^{1/2}$。

3.6　实际大气边界层统计特征和参数化

这里重申,本节所谓实际大气边界层,仍然仅限于均匀、定常的理想条件。即,可以不考虑边界层内水平方向物理量的变化,也不考虑其时间变化。这种条件大致对应水平均匀、平坦的地表和 10 min~1 h 的时间平均范围。当然稳定边界层可能会有些例外。作上述条件限制,就可集中探讨边界层有关性质随高度变化的统计特征和参数化结果。

首先说明统计特征的意义。由于边界层内运动的湍流性质,物理量的随机涨落是其本质特性。因此通过观测大量样本,获得有关参量的统计特征是必要的。其次解释参数化(parameterization)一词。这是湍流研究中使用频度极高的方法或工具。其本质是将难于观测的量通过经验公式用易于观测的量替代、未知的量用已知的量进行经验表达。参数化获得的经验公式具有很高的实用价值。甚至可以说,多数边界层应用中都使用这些经验规律。

由前面的介绍可知,通过相似性分析可以寻找控制参量之间的关系,这种关系的具体函数形式则需要通过实验确定。该过程中所有参量都以无因次化的形式出现,以使经验关系具有普适性。现在关心的是湍流参量在边界层中随高度 z 的变化,因此首先确定 z 的无因次化形式为 z/z_i 或 z/h,其中 z_i 和 h 都用来表示边界层高度。

污染气象学或大气扩散问题应用中最关心的边界层湍流参数主要是:表达湍流强度的脉动速度方差($\overline{u'^2}, \overline{v'^2}, \overline{w'^2}$)和表达湍流尺度的能谱峰值波长($\lambda_{mu}, \lambda_{mv}, \lambda_{mw}$)。湍流尺度也用湍流积分尺度 T_u, T_v, T_w 表达。因此边界层湍流统计和参数化首先是对这些量进行。

图 3.24 是对流边界层中湍流速度方差随高度变化的 Minnesota 实验观测结果。再次强调,湍流脉动速度的 u, v 分量是经过坐标旋转、使 x 坐标与平均风速方向一致后计算的结果。对流边界层中 u, v 脉动速度方差基本重合。图中结果以对流速度尺度 w_* 的平方无因次化。可见 $\overline{w'^2}/w_*^2$ 在边界层中部达到最大值,$\overline{u'^2}/w_*^2$ 和 $\overline{v'^2}/w_*^2$ 在边界层内几乎为常数,随高度不变。对该实验结果的一组拟合公式是:

$$\sigma_w^2/w_*^2 = 1.8(z/z_i)^{2/3}(1 - 0.8z/z_i)^2$$
$$\sigma_u^2/w_*^2 = \sigma_v^2/w_*^2 = 0.35 \tag{3.90}$$

对更多观测和模拟结果的总结发现,上述观测获得的一般规律是可信的,但数值上有很大的不确定性。如,图 3.25a 显示了不同研究获得 $\overline{w'^2}/w_*^2$ 结果的变化范围。不同实验的 $\overline{u'^2}/w_*^2$ 结果在边界层底部和顶部的变化幅度更大(图 3.25b),可能与实际大气中包含更大尺度的水平运动涨落有关。数值模拟的结果不包含这些未知的影响因素,其结果在边界层内部的确更接近常数(图 3.25c),与 Minnesota 实验的结果一致。因此认为,Minnesota 实验的结果很好地代表了理想条件的对流边界层情况。

中性大气边界层的湍流脉动速度方差随高度递减(图 3.26)。与对流边界层不同的是,湍流脉动随高度是连续减小的,在边界层顶附近没有任何突变特征。这也说明,中性大气边界层的高度其实是人为选取的一个截断值。值得注意的是,中性大气边界层的中下部,总有

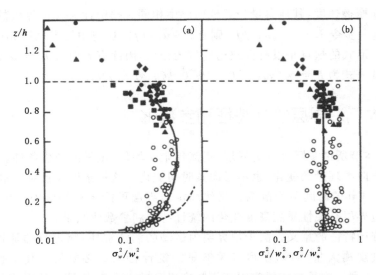

图 3.24　对流边界层中湍流速度方差随高度变化的实验观测结果（引自 Garratt，1992）

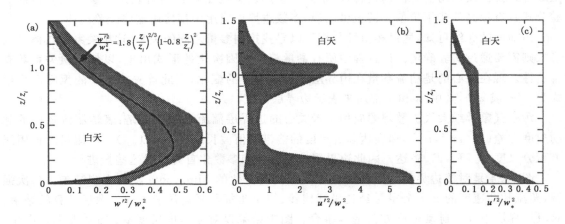

图 3.25　对流边界层湍流速度方差随高度的变化（引自 Stull，1988）

（a），（b）垂直和水平速度的观测结果；（c）水平速度的数值模拟结果

$$\overline{u'^2} > \overline{v'^2} > \overline{w'^2}, \tag{3.91}$$

而且在低层大气，沿平均风方向的无因次湍流速度方差 $\overline{u'^2}/u_*^2$ ，其不确定性幅度也比其他 2 个分量的大。图 3.26 中这些特性虽然是数值模拟的结果，却很好地代表了真实大气的一般情况。当然，现实世界的中性大气边界层会受到其他多种因素影响。其中，上层逆温层的存在可以影响边界层顶的确定。由于逆温层限制了上层的湍流，通常会把逆温层以下划定为边界层。因此，有上层逆温的中性大气边界层，其相似性关系可能偏离理想的中性大气边界层情况。

稳定大气边界层中湍流脉动速度方差也是随高度递减的（图 3.27）。这与中性大气边界层的情况类似，因为它们都是机械湍流或动力作用为主，以大气流动（风速）与地面的剪切作用为湍流的能量来源。稳定边界层中，无因次水平速度方差通常比垂直速度方差大，但两个水平速度分量的方差值差别不大，通常当作相同处理。

以上介绍湍流速度各分量的方差随高度的变化，可视其为湍流动能特征。如前所述，只知

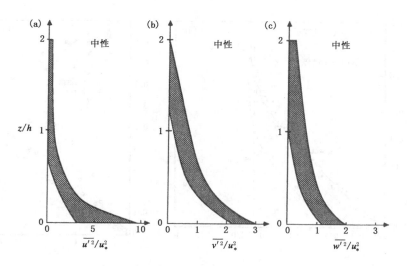

图 3.26　中性大气边界层的湍流速度方差廓线（引自 Stull,1988）

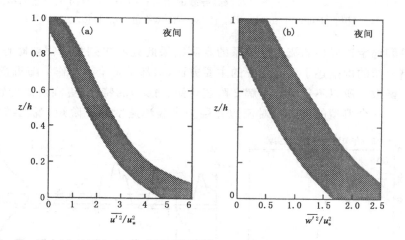

图 3.27　稳定边界层的湍流速度方差廓线（引自 Stull,1988）

道湍流总动能的大小是不够的,因为湍流是由不同尺度的涡旋组成的,因此还需了解湍流动能的尺度分布特征。湍流能谱给出动能在每一波长上的大小,可以完整描述湍流动能的尺度分布。能谱是波长的函数,观测结果表明该函数通常为一个峰值分布。因此可以方便地记取该峰值波长作为能谱尺度的代表。图 3.28 为对流边界层中各速度分量方差谱的峰值波长随高度的变化,可见湍流垂直运动的尺度在边界层下部是随高度而增加的;水平运动的尺度在整个边界层中维持不变,约为边界层高度的 1.5 倍。这与图 3.19 中声雷达观测的热泡上升—下沉区的水平尺度的定性分析结果一致。图中还给出了 $\overline{\theta'^2}$ 谱的峰值波长的变化情况,该参量对有关浮力的分析是很有意义的。图 3.28a 中的结果在对数坐标下给出,是早期观测数据。图 3.28b 给出了线性坐标下垂直湍流运动尺度的观测结果,并补充了高层观测的数据。可见垂直湍流运动的尺度在地面和边界层顶附近都受到限制而减小,在边界层中上部达到与水平运动相当的尺度,即大约 1.5 倍边界层高度。

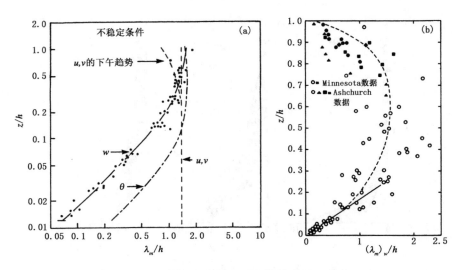

图 3.28　湍流速度方差谱极大值的波长随高度的变化
(a)水平与垂直速度分量方差以及位温方差的结果;(b)垂直速度分量方差的结果
(引自 Pasquill and Smith, 1983; Nieuwstadt and Dop,1981)

有关中性和稳定边界层湍流尺度关系的观测结果此处不再列举。需要略作补充的是,湍流动能和其谱分布的确描述了湍流特征的主要方面,但却不是全部。作为随机量,完整的描述是其概率密度函数。所以不仅应该了解 2 阶统计矩(方差)的特征,更高阶矩的特征也可能有重要实际意义。一个典型的例子是对流边界层垂直湍流速度的 3 阶矩,观测结果如图 3.29。

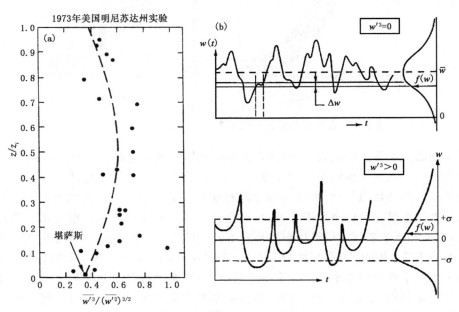

图 3.29　湍流速度的三阶统计性质及意义
(a)对流边界层的垂直速度的偏斜度;(b)偏斜度的意义
(引自 Venkatram and Wyngaard,1988;Tennekes and Lumley,1972)

可见 w 速度的 3 阶矩是正值。图 3.29 中结果以 $S = \overline{w'^3}/(\overline{w'^2})^{3/2}$ 的形式显示，S 称为偏斜度 (skewness)。3 阶矩的意义如图 3.29b 所示。如果随机量变化的概率分布相对于其均值是对称的，则 3 阶矩为零；如果是偏斜分布，例如正值出现的幅度比负值的大，则 3 阶矩为正，否则为负。实际对流边界层中偏斜度为正值，说明其中垂直上升速度数值往往较大，下沉速度较小。这一性质造成对流边界层中很特别的垂直扩散行为，将在后面提到。

本节最后给出若干组边界层湍流的参数化方案（经验公式）。首先介绍 Zannetti(1990) 总结的公式。不稳定边界层有：

$$\sigma_u = \sigma_v = u_* (12 + 0.5h/|L|)^{1/3} \cong \sqrt{0.31} w_* \tag{3.92}$$

$$\sigma_w = \begin{cases} 0.96 w_* (3z/h - L/h)^{1/3} & (z \leqslant 0.03h) \\ w_* \min[0.96(3z/h - L/h)^{1/3}; 0.763(z/h)^{0.175}] & (0.03h < z < 0.4h) \\ 0.722 w_* (1 - z/h)^{0.207} & (0.4h \leqslant z < 0.96h) \\ 0.37 w_* & (0.96 < z \leqslant h) \end{cases} \tag{3.93}$$

$$T_{Lu} = T_{Lv} = 0.15 h/\sigma_u \tag{3.94}$$

$$T_{Lw} = \begin{cases} 0.1z/\{\sigma_w[0.55 + 0.38(z - z_0)/L]\} & (z < 0.1h \quad \text{and} \quad z - z_0 > -L) \\ 0.59z/\sigma_w & (z < 0.1h \quad \text{and} \quad z - z_0 < -L) \\ 0.15h/\sigma_w[1 - \exp(-5z/h)] & (z > 0.1h) \end{cases}$$

$$\tag{3.95}$$

式中，h 为边界层高度，z_0 为地表粗糙度；T_L 为拉格朗日时间积分尺度，其意义将在后面介绍。由于使用 Taylor 冻结湍流假设，湍流的特征时间尺度和特征空间尺度（如波长）具有相同的意义。

对稳定边界层，有：

$$h = 0.25(u_* L/f)^{1/2} \tag{3.96}$$

$$\sigma_u = 2.0 u_* (1 - z/h)$$

$$\sigma_v = \sigma_w = 1.3 u_* (1 - z/h) \tag{3.97}$$

$$T_{Lu} = 0.15 \frac{h}{\sigma_u} \left(\frac{z}{h}\right)^{0.5}$$

$$T_{Lv} = 0.07 \frac{h}{\sigma_v} \left(\frac{z}{h}\right)^{0.5} \tag{3.98}$$

$$T_{Lw} = 0.10 \frac{h}{\sigma_w} \left(\frac{z}{h}\right)^{0.8}$$

对中性边界层有：

$$h = 0.3 u_* /f \tag{3.99}$$

$$\sigma_u = 2.0 u_* \exp(-3fz/u_*)$$

$$\sigma_v = \sigma_w = 1.3 u_* \exp(-2fz/u_*) \tag{3.100}$$

$$T_{Lu} = T_{Lv} = T_{Lw} = \frac{0.5z/\sigma_w}{1 + 15fz/u_*} \tag{3.101}$$

胡二邦和陈家宜(1999)总结的湍流速度方差公式形式略有差别。不稳定边界层为：

$$\frac{\sigma_w^2}{w_*^2} = 1.8(z/h)^{2/3}(1 - 0.73z/h)$$

$$\frac{\sigma_u^2}{u_*^2} = (10 + 0.5|z/L|)^{2/3}$$

$$\frac{\sigma_v^2}{u_*^2} = (8 + 0.5 \,|\, z/L \,|\,)^{2/3} \tag{3.102}$$

稳定边界层为：

$$\frac{\sigma_u^2}{u_*^2} = 5.3\exp(-2.8z/h)$$

$$\frac{\sigma_v^2}{u_*^2} = 4.0\exp(-2.8z/h)$$

$$\frac{\sigma_w^2}{u_{*0}^2} = 2.6\exp(-2.2z/h) \tag{3.103}$$

中性边界层为：

$$\frac{\sigma_u^2}{u_*^2} = 5.3$$

$$\frac{\sigma_v^2}{u_*^2} = 4.0$$

$$\frac{\sigma_w^2}{u_*^2} = 1.7\exp(-4fz/u_*)$$

$$= 1.7\exp(-1.2z/h) \tag{3.104}$$

式中，取 $h = 0.3u_*/f$。

Pasquill and Smith(1983)对湍流长度尺度—能谱峰值波长 λ_m 给出一组经验公式。不稳定边界层为：

$$\lambda_{mu,v} = 1.3h$$

$$\lambda_{mw} = \begin{cases} 6z/(3 - 2z/|L|) & (z < |L|) \\ 5.9z & (z < 0.1h) \\ 1.8h[1 - \exp(-4z/h) - 0.0003\exp(8z/h)] & (0.1h \sim h) \end{cases} \tag{3.105}$$

稳定边界层为：

$$\lambda_{mu} \cong 2h(z/h)^{1/2}$$

$$\lambda_{mw} \cong 0.7h(z/h)^{1/2} \tag{3.106}$$

$$\lambda_{mw} = \begin{cases} z/(0.5 + z/L) & (z \leqslant L/2) \\ z & (L/2 < z \leqslant h) \end{cases} \tag{3.107}$$

实用中，这些参数化公式利用近地面的少数参量，就可以获得整个边界层的湍流性质，因此是非常有用的。

第 4 章　湍流扩散理论

如前所述,污染气象学关注的是从污染排放源到环境受体之间的大气过程,其中最重要的就是大气的输送和扩散过程。从湍流的观点来看,污染输送决定于平均风速,扩散则与湍流涨落速度(或湍流脉动)有关。污染物主要是在大气边界层内输送扩散,最后影响到人、动植物、生态系统等环境受体。基于大气湍流和边界层的知识,形成了几种相互关联的湍流扩散理论。

4.1　基本知识

在介绍扩散理论之前,先了解排放源等概念,这些概念在扩散问题中经常用到。

(1)源

源,排放源,或污染排放源,是指一定的物质排放进入大气的过程的起始点。排放的物质可以有不同的形态,如固态、液态和气态。当然也可以有不同的化学性质,从而决定它们究竟是"污染物",或者是无害的。

排放源可以进一步从空间和时间特性进行划分。从几何形态来看,可划分为点源、线源、面源和体源,其几何维度从 0 维到 1、2 和 3 维。实际排放源被简化和抽象成这些几何形态,只是一种近似,以便后续的数学处理。

从时间上看,可以把排放划分为瞬时源、连续源和间歇源。瞬时和连续是两个极端,前者只出现在一个时间点上,后者连续出现在时间轴上。间歇源是在规则或不规则的时间段内排放,比如某些工业流程,当累积的废气达到一定程度,则自动启动特定装置进行排放。

实际工作中,常常把污染源分为地面源和高架源(elevated source)。这是因为绝大多数情况下,环境问题中关心的是地面浓度。排放源是直接处于地面还是位于一定高度(比如烟囱),会对最终形成的地面浓度有根本性的影响。因此进行这一划分是十分重要的。

要准确描述一个排放源,需要了解源的地理位置、几何形态、时间特性和高度,同时还要确定排放源的另一个重要参数:源强。该参数描述排放物进入大气的数量关系,但其单位与源的性质有关。一个瞬时源的源强就是该源在该时刻瞬间释放的污染物质总量,如 kg 或 t。连续源的源强以单位时间的排放量表征。连续源的源强通常会随时间而变化。随时间不变的连续源是一个特例,叫作定常排放。而一个具体的源可以是上述各种情况的组合,例如,一个电厂烟囱,可以看作是一个高架连续点源,而且其源强在一段时间内是定常的,单位为 g/s。而一个定常的连续均匀线源,其源强是单位时间单位线源长度的排放量,单位是 g/(s·m)。其他形态类推。

(2)浓度

浓度是描述大气扩散结果的,也是判断环境受体影响的关键参量。有 3 种方式可以表示浓度,它们分别是:

1)质量浓度:单位体积空气中污染物质的含量,如 mg/m^3。

2)体积浓度:单位体积空气中污染物质的体积,如 1 ppm = $10^{-6}m^3/m^3$。这种方式常用于表示气体物质的浓度。

3)数浓度:单位体积空气中所含颗粒/液滴的个数。常用于颗粒污染物:尘粒、花粉、孢子、病菌、雾滴等。

对于气体的体积浓度和质量浓度,有常用换算关系如下。

$$
\begin{array}{l}
质量浓度\ c(mg/m^3)与体积浓度\ c_{ppm}\ 的关系: \\[2mm]
c_{ppm} = \dfrac{c(mg/m^3) \times 22.4(m^3/mol)}{\mu(kg/mol)}
\end{array} \tag{4.1}
$$

(3)拉格朗日系统与欧拉系统

描述流体运动有 2 个基本框架,就是拉格朗日(Lagrangian)方法和欧拉(Eulerian)方法。流体中的扩散(或湍流扩散)也可以用这两种方法描述。追踪每个质点在流体中的运动轨迹,从大量轨迹就可直观了解源排放物质的扩散行为。这就是拉格朗日方法。因此用拉格朗日方法研究扩散问题是很自然的。甚至可以说,扩散本质上就是一个拉格朗日过程。另一方面,用场的观点描述流体运动,再将场的时间变化展现出来,也可以很好地反映流动和扩散过程,这就是欧拉方法。两种方法各有长处。以下讲到的扩散统计理论是基于拉格朗日方法导出的。

[拉格朗日] Lagrange 与 Lagrangian 的区别?

扩散过程可以看作是沿着质点运动轨迹的时空变化。显然这是一个受到严格条件限制的时空变化过程。从运动轨迹上的两个时间点(t, t_0),可以定义一个拉格朗日相关系数 R_L,以及相应的拉格朗日时间积分尺度 T_L:

$$
R_L(t,t_0) = \frac{\overline{u'_A(t_0)u'_B(t)}}{\overline{u'^2_A(t_0)}^{1/2}\ \overline{u'^2_B(t)}^{1/2}} \tag{4.2}
$$

$$
T_L = \int_0^\infty R_L(\xi)d\xi \tag{4.3}
$$

式中,下标 L 和 E 分别表示拉格朗日和欧拉系统的参量,后面公式中用法相同;u' 表示速度;下标 A 和 B 表示轨迹上对应于时间 t_0 和 t 的位置,$\xi = t - t_0$。时间积分尺度的定义当然要求数学上相关系数是可积的。

上述相关系数是时间间隔 $\xi = t - t_0$ 的函数,写为 $R_L(t,t_0) = R_L(\xi + t_0, t_0)$,但又和选定的参考时间点 t_0 有关。也就是说,选取不同的 t_0,相关系数可能是不同的。只有在均匀平稳条件下,相关系数不再与特定的 t_0 有关,而只与时间差 Δt 或 ξ 有关。

所谓均匀平稳,其实是两个概念。均匀是空间性质,平稳是时间性质。均匀是指不同空间位置的性质相同,平稳是指不同时间点上的性质相同。具体到湍流问题,均匀平稳则是指其统计平均性质在各时间—空间点都相同。图 4.1 显示了一段湍流观测结果,是湍流脉动值随时间的变化,可以直观看出,在时间轴上任意取某一段进行统计,获得的平均值、方差、相关系数等等,应该有很接近的值,因此可以认为该时间段的湍流是平稳的。如果一段空间距离上有类似结果,则湍流在此方向是均匀的。

　　注意均匀平稳是一个很严格的限制条件,实际大气湍流很少满足此条件。但该条件可极大简化对扩散问题的数学处理,对理论分析十分有用。

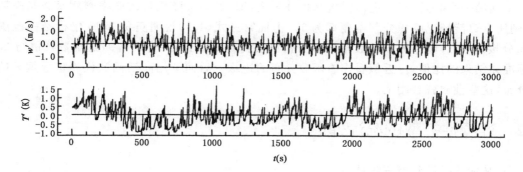

图 4.1　湍流垂直速度与温度脉动的实测结果

(引自 Arya,1998)

(4)高斯函数及性质

　　在扩散应用中经常用到一个数学函数,即高斯(Gauss,Gaussian)函数,也叫正态分布函数。该函数的标准形式是:

$$f(x) = \frac{1}{\sqrt{2\pi}\sigma}\exp(-\frac{x^2}{2\sigma^2}) \tag{4.4}$$

其函数分布见图 4.2。

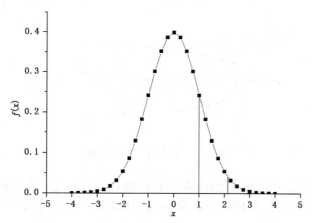

图 4.2　标准正态分布(高斯分布)

高斯函数还具有以下性质:

$$\int_{-\infty}^{\infty} f(x)\mathrm{d}\,x = \int_{-\infty}^{\infty} \frac{1}{\sqrt{2\pi}\sigma}\exp(-\frac{x^2}{2\sigma^2})\mathrm{d}\,x = 1 \tag{4.5}$$

$$\int_{-\sigma}^{\sigma} f(x) = 0.68 \tag{4.6}$$

$$\int_{-2.15\sigma}^{2.15\sigma} f(x) = 0.97 \tag{4.7}$$

$$f(\sigma)/f(0) = 0.607 \approx 60\% \qquad (4.8)$$
$$f(2.15\sigma)/f(0) = 0.1 \approx 10\% \qquad (4.9)$$

上面第一个公式(4.5)也称作概率积分公式,即,如果某随机量的概率密度函数是高斯函数,则所有可能情况的积分获得概率为 1。上面第三式(4.7)说明正负 2.15 倍标准差范围内的积分接近于 1,可作为该函数全部积分值的良好近似。最后一式(4.9)是函数峰值与 2.15 倍标准差结果的比值,可近似看作该函数分布的边缘。后面会用高斯函数代表扩散烟云的浓度分布,这些性质就会用上。

4.2　连续性扩散的统计理论

(1)从湍流扩散到概率统计

如图 4.3,设想一个理想化的大气扩散试验,将问题抽象化为:一个连续定常释放的点源,源强为 Q,处于均匀、定常的风场中,平均风速为 $\bar{u}$,只考虑与平均风垂直方向的湍流脉动 v',源释放物质随湍流作用而扩散,形成连续、定常的烟流或烟云(plume),求该烟流在三维空间形成的浓度分布 $c(x,y,z)$。这样的定常连续烟流,可以看作是不同时刻从该源连续排放出来的烟流元的组合。所有这些烟流元经历的扩散过程都是相同的,因此只需考虑一个瞬时排出的烟流元,通过追踪这个烟流元的扩散过程,就可以了解整个烟流的空间分布。

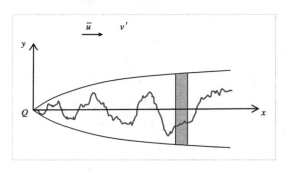

图 4.3　烟流与烟流元示意

对这样一个扩散问题,G. I. Taylor 采用拉格朗日方法作进一步分析:用被动质点粒子代表扩散物质,考察粒子在湍流随机场中的位置变化(轨迹)。记源点位置为 r_0,粒子从源释放的时刻为 t_0,取 x 坐标与平均风方向一致,则 t 时刻粒子所处的下风位置为 $x = \bar{u} \cdot (t - t_0)$,$y$ 方向由脉动速度 v' 造成的位移是多少? 其统计平均性质如何? 这就是扩散的核心问题。

对该扩散问题也可以换以下思路进行描述:一个被动质点粒子在随机湍流场中运动,其到达的位置是一个随机变量。记 t_0 时刻从 r_0 位置出发的粒子,在 t 时刻到达 r 位置的条件概率为 $P(r,t|r_0,t_0)$,则该概率分布就反映了扩散的结果(图 4.4)

图 4.4　被动粒子在湍流场中的运动轨迹或位置变化

　　实际操作中可以这样考虑：t_0 时刻从 r_0 位置出发的 N 个粒子，在 t 时刻进入 $r+\mathrm{d}r$ 空间体积内的个数为 n，则 $\lim\limits_{N \to \infty} \dfrac{n}{N} = P(r,t\,|\,r_0,t_0)\mathrm{d}r$。可见，单个粒子的位置概率是通过众多粒子的实际扩散行为统计出来的。

　　连续源单位时间内排放的烟流元的物质量为 Q，若以这 N 个粒子代表该烟流元，则每个粒子的物质量为 Q/N。这样，只要统计出空间点 $r+\mathrm{d}r$ 体积内的粒子数 n，就可以估算该点的浓度：

$$\bar{c}(r,t) = \left(\frac{Q}{N} \cdot n\right)/\mathrm{d}r = Q \cdot P(r,t\,|\,r_0,t_0) \tag{4.10}$$

可见，求解扩散浓度的问题，已成功转化为求解随机运动粒子的条件概率这样一个数学问题（或概率统计问题）。理论上，如果能求解出该条件概率，则扩散问题也就解决了。需要说明的是，上述公式中时间 t 可以通过速度变换为扩散的下风距离，即 $x = \bar{u} \cdot (t - t_0)$。这一个烟流元的扩散过程可以反映所有其他烟流元在不同下风距离处的情况，因此这一公式也就可以反映整个连续烟流（或烟云）的扩散情况。

> [均匀、定常，与均匀、平稳有何区别？]
> [烟流元：连续源某一瞬时排出的单元（element）]
> [连续源的源强为 Q，假设其单位为 mg/s；单位排放时间的烟流元，例如 1 秒的排放，则其总质量为 Q(mg)]

（2）最重要的扩散参量

　　上述推演成功地把扩散问题数学化。理论上，只要知道条件概率 $P(r,t\,|\,r_0,t_0)$ 的概率密度函数，则可以完全了解该条件概率的性质，扩散问题也就解决了。但很遗憾，对现实湍流大气，并没有办法获得该条件概率的概率密度函数。现实的办法是，尽可能获取该概率函数的各项统计性质（统计矩），从而可以逼近或构建该函数。最先想到的当然是该函数的 1 阶和 2 阶统计矩。对现在考虑的扩散问题而言，侧向扩散是对称的，1 阶统计矩为 0。2 阶统计矩是粒子侧向扩散位移的方差，这是一个关键变量，可以直接表征烟云侧向扩散的尺度。这一参量的数学表达即为著名的 Taylor 公式。

> [侧向扩散：水平方向、与平均烟流轴线（平均风的方向）垂直的扩散]

（3）Taylor 公式：导出和意义

　　前述理想扩散实验中，进一步取坐标原点为粒子的出发点，粒子从原点出发的时刻为 0。质点粒子 t 时刻在 y 方向所处的位置是一个随机变量，记其二阶矩为 $\overline{y^2}$，则有：

$$\frac{\mathrm{d}\,\overline{y^2}}{\mathrm{d}t} = 2\,\overline{y\frac{\mathrm{d}y}{\mathrm{d}t}} = 2\,\overline{y \cdot v'(t)} = 2\,\overline{v'(t)\int_0^t v'(\eta)\mathrm{d}\eta}$$

$$= 2\int_0^t \overline{v'(\eta)v'([t-\eta]+\eta)}\,\mathrm{d}\eta \tag{4.11}$$

注意，上式中若记 $\Delta t = [t - \eta]$，则 $\overline{v'(\eta)v'(\Delta t + \eta)}$ 是一个相关函数。该推导过程将变量移入积分号内时默认满足相应的数学要求。这就是 Taylor 公式的原始形式，普遍适用于大气湍流条件，但无法获得进一步的信息。为此，Taylor 把均匀平稳湍流条件运用于该公式，故有：

$$\overline{v'(\eta)v'(\Delta t + \eta)} = R_{\mathrm{L}}(\Delta t)\,\overline{v'^2} \tag{4.12}$$

式中，$R_{\mathrm{L}}(\Delta t)$ 为脉动速度 v' 的拉格朗日相关系数。由均匀平稳湍流条件，该相关系数与特定的参考时刻 η 无关，只与时间间隔 Δt 有关。因此上述 Taylor 公式写为：

$$\frac{\mathrm{d}\,\overline{y^2}}{\mathrm{d}\,t} = 2\,\overline{v'^2}\int_0^t R_{\mathrm{L}}(\Delta t)\mathrm{d}\,\eta = 2\,\overline{v'^2}\int_0^t - R_{\mathrm{L}}(\Delta t)\mathrm{d}\,(t-\eta) = 2\,\overline{v'^2}\int_t^0 - R_{\mathrm{L}}(\Delta t)\mathrm{d}\,(\Delta t)$$

$$= 2\,\overline{v'^2}\int_0^t R_{\mathrm{L}}(\Delta t)\mathrm{d}\,(\Delta t) \tag{4.13}$$

上述推导中，因为 $\eta \in (0,t)$，故 $\Delta t = [t-\eta] \in (t,0)$。记 $\xi = \Delta t$，上式进一步整理为：

$$\frac{\mathrm{d}\,\overline{y^2}}{\mathrm{d}\,t} = 2\,\overline{v'^2}\int_0^t R_{\mathrm{L}}(\xi)\mathrm{d}\,\xi \tag{4.14}$$

将上式积分则得：

$$\overline{y^2}(T) = 2\,\overline{v'^2}\int_0^T\int_0^t R_{\mathrm{L}}(\xi)\mathrm{d}\,\xi\mathrm{d}t \tag{4.15}$$

这就是著名的 Taylor 公式（Taylor，1921），式中 T 是扩散时间。这一公式明确地将扩散的侧向尺度 $\overline{y^2}$（粒子位移的二阶矩，方差）与湍流的两个性质关联起来，即湍流侧向脉动速度方差 $\overline{v'^2}$ 和拉格朗日相关系数 R_{L}。这一公式还说明了一个逻辑上显然的事实：湍流扩散的结果完全由湍流的性质决定。

Taylor 公式是一个二重积分的形式，应用中不太方便。法国人 Kampe de Ferriet 对公式进行分步积分，获得第二种形式的 Taylor 公式：

$$\overline{y^2}(T) = 2\,\overline{v'^2}\int_0^T (T-\xi)R_{\mathrm{L}}(\xi)\mathrm{d}\,\xi \tag{4.16}$$

（4）Taylor 公式的其他形式

Taylor 公式把扩散问题转化成了一个湍流问题，只需确定湍流性质，就可通过公式获得烟云扩散尺度 $\sigma_y = \sqrt{\overline{y^2}}$ 这一重要扩散参量。公式中湍流速度方差 $\overline{v'^2}$ 反映湍流的能量，相关系数 R_{L} 反映湍流的尺度性质。如前所述，湍流是由大大小小不同尺度的涡旋组成的，相关系数可以反映湍流运动的时间尺度关系（并转化为空间尺度关系）。同样可以表示湍流运动尺度关系的是脉动速度方差谱。这二者间具有互为傅里叶变换的关系：

$$R_{\mathrm{L}}(\xi) = \int_0^\infty F_{\mathrm{L}}(n)\cos 2\pi n\xi\mathrm{d}n \tag{4.17}$$

$$F_{\mathrm{L}}(n) = \frac{1}{4}\int_0^\infty R_{\mathrm{L}}(\xi)\cos 2\pi n\xi\mathrm{d}\xi \tag{4.18}$$

式中，F_{L} 为湍流速度谱密度，n 为频率。可见相关系数是时间的函数，而谱密度是频率的函数。二者在时间和频率维度描述的是同一个物理问题。将相关系数代入（4.16）式，获谱形式的 Taylor 公式：

$$\overline{y^2}(T) = \overline{v'^2}T^2\int_0^\infty F_{\mathrm{L}}(n)\,\frac{\sin^2(\pi nT)}{(\pi nT)^2}\mathrm{d}n \tag{4.19}$$

$$\boxed{[\text{积分获得式}(4.19)\text{的过程中用到了三角函数的倍角公式。}]}$$

湍流速度方差的谱密度的意义是：$\overline{v'^2} = \overline{v'^2}\int_0^\infty F_{\mathrm{L}}(n)\mathrm{d}n$ 或 $\int_0^\infty F_{\mathrm{L}}(n)\mathrm{d}n = 1$。虽然谱密度函

数 F_L 对整个频率空间($0 \sim \infty$)的积分为1,它却反映了湍流动能 $\overline{v'^2}$ 在不同频率上的权重。所以谱密度就是一个权重函数,反映不同频率/尺度湍流涡旋的动能在总动能中所占的份额或比例。这就是湍流的尺度性质。

［一个不太恰当的比喻:1 吨石头和 1 吨砂子,物质元素相同、重量也相同,但粒径尺度不同,这就是它们的"谱"不同。它们的用途当然也不同。］

(5)实际大气湍流谱

对湍流速度进行高频观测(通常 10 Hz 或 20 Hz 的采样频率),可通过数据序列的分析获得湍流速度方差谱(或称湍流能谱)。图 4.5 是大气湍流实验观测研究的经典结果:湍流速度三分量 u',v',w' 的能谱分布。图 4.5 中一组曲线表示不同稳定度的结果。可见一条谱线总是在某频率处有一个峰值。注意图 4.5 中频率用符号 f 表示,n 为无因次化的频率;谱密度用符号 S_a 表示,图 4.5 中谱线数值也经过无因次化处理。

［无因次化:多组曲线,变化形式相同,但绝对值不同,无法相互比较。无因次化后这些曲线相同的变化规律就可以表现出来。］

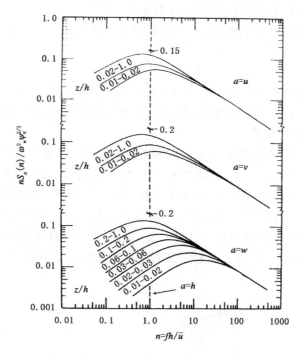

图 4.5 大气湍流能谱分布:速度三分量 u',v',w' 的方差谱

(引自 Blackadar,1997)

(6)从 Taylor 公式看扩散行为

需要求解 Taylor 公式才能了解 $\overline{y^2}$ 随扩散时间的变化。但扩散时间 T 很小和很大的情况

下,扩散的渐近性质可从 Taylor 公式直接导出。

首先,若 T 接近于 0,相关系数 R_L 数值近于 1,从 Taylor 公式(4.15)可直接积分得

$$\overline{y^2}(T) \approx \overline{v'^2} T^2 \tag{4.20}$$

若 T 趋于无穷,从 Taylor 公式(4.16)可知:

$$\overline{y^2}(T) = 2\,\overline{v'^2} \int_0^T TR_L(\xi)\mathrm{d}\,\xi - \int_0^T \xi R_L(\xi)\mathrm{d}\,\xi$$

$$= 2\,\overline{v'^2} T \int_0^T R_L(\xi)\mathrm{d}\,\xi - \int_0^T \xi R_L(\xi)\mathrm{d}\,\xi \tag{4.21}$$

设 t_1 是小于 T 的一个大值,由于 $\int_0^T \xi R_L(\xi)\mathrm{d}\,\xi \leqslant \int_0^T t_1 R_L(\xi)\mathrm{d}\,\xi \xrightarrow{\ T\to\infty\ } t_1 T_L$,这是一个有限值,故:

$$\overline{y^2}(T) \approx 2\,\overline{v'^2} T_L \cdot T \tag{4.22}$$

式中, $T_L = \int_0^\infty R_L(\xi)\mathrm{d}\,\xi$,是所谓拉格朗日时间积分尺度,对于特定湍流状态可看作常数。小结一下,则有:

$$\overline{y^2}(T) = \begin{cases} \overline{v'^2} T^2 \propto T^2 & (T \to 0) \\ 2\,\overline{v'^2} T_L \cdot T \propto T & (T \to \infty) \end{cases} \tag{4.23}$$

可见,扩散方差随时间的变化在起始阶段和后期是不同的,开始阶段较快,按时间的平方律增长,而在扩散时间很长后,则按时间的一次方增长。

需要说明的是相关系数的函数形式,一般如图 3.4 所示。不过实用中常常取以下幂指数形式的函数:

$$R_L(\xi) = \mathrm{e}^{-\xi/T_L} \tag{4.24}$$

这一函数的数学形式非常简洁,而且 T_L 正好就是时间积分尺度。这一函数在 0 附近导数不为 0,显然与实际情况不符。不过实际应用中认为,扩散的结果对相关系数的函数形式不太敏感,时间积分尺度 T_L 更为重要。

另外需要说明时间积分尺度的意义。从图 4.6 来看,T_L 是表达曲线下积分面积大小的一个等效位置,具有时间的单位。T_L 有两方面的意义,一是其数值越大,相关系数趋于 0 也就越慢,反映湍流中以大尺度涡旋成分为主,反之亦然。这是因为两个相邻微团如果在大涡旋场中则有较大概率处于同一个涡旋中,从而保持其速度相关性,而在小涡旋场则更可能处于不同涡旋,因此二者速度会很快变得不相关。第二方面,T_L 作为一个数值,极大地简化了对湍流主要尺度特征的描述,因为看一个 T_L 值比看一条相关函数曲线简单直观多了。

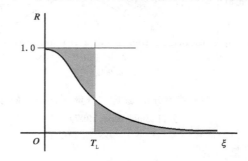

图 4.6　时间积分尺度的意义:对相关系数的简化表达

(7)扩散与湍流尺度的关系

湍流的性质至少要用其强度(动能)和尺度(能谱或相关系数)加以描述。扩散既然是由湍流决定的,湍流尺度性质自然也对扩散有影响。谱形式的 Taylor 公式可以很好地揭示湍流尺度对扩散的作用,重写如下:

$$\overline{y^2}(T) = \overline{v'^2}T^2\int_0^\infty F_L(n)\,\frac{\sin^2(\pi nT)}{(\pi nT)^2}\mathrm{d}\,n \tag{4.25}$$

可见,积分号内是湍流谱密度与一个权重函数的乘积。记此权重为:

$$W(T) = \frac{\sin^2(\pi nT)}{(\pi nT)^2} \tag{4.26}$$

可画出该函数曲线如图 4.7。这是一个信号处理问题中的所谓"低通滤波"窗函数,因为对低频成分($n\to 0$),其值接近于 1,而对高频信号($n\to\infty$),其值趋向于 0,形同一个窗口,只让低频涨落信号通过。从窗函数式(4.26)中还可以看出,扩散时间 T 也是一个关键参量,因为 T 很小(趋于 0)则窗函数值趋于 1,T 很大(趋于无穷)则窗函数值趋于 0。湍流不同频率的涨落是一直存在的,但扩散时间 T(或下风距离 $x = UT$)是变化的。因此,扩散参数 $\overline{y^2}(T)$ 虽然一直随着 T 的增加而增大,但不同 T 的阶段增长速率不同。这一点已经在前面有关扩散速率的渐近性质中看到。造成这一结果的原因在下面进一步讨论。

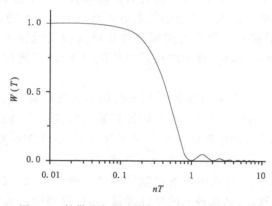

图 4.7 扩散的权重函数随频率与时间的变化

(8)湍流尺度和扩散时间对烟云扩散的意义

把前述幂指数形式的相关系数代入湍流能谱密度的傅里叶(Fourier)变换公式,可以获得谱密度的解析解,从而画于图 4.8 中,展示方程(4.25)中窗函数对湍流能谱的调制/加权作用。图 4.8 中横轴为湍流频率 n(用 T_L 无因次化),纵轴为谱密度 F_L(乘以 n,以获得动能的量纲)。扩散时间 T/T_L 取 0,1/2,1,$\cdots$,8 不同值时,窗函数依次从高频一端将湍流能量"切"去,剩余可用于扩散的能量越来越少。因此,扩散开始时,所有尺度的湍流能量都对烟云的扩散增长有贡献,随着时间延长,只有越来越低频的湍流成分(大尺度涡旋)对烟云扩散增长有贡献。这就是为什么长时间后扩散速率会变慢的原因。从物理图像来看,在源的近处烟流尺度较小,小尺度湍流涡旋可以有效将其与周围干净空气混合,扩散作用明显;但远处烟云已经扩展到很大尺度后,小尺度湍流涡旋的作用仅限于烟云边缘的局部,对烟云整体的扩散稀释作用不大。

(9)由湍流(欧拉)观测推算扩散参数

Taylor 公式给出了描述烟云扩散尺度(宽度)的一个关键特征参数,即侧向扩展的方差。

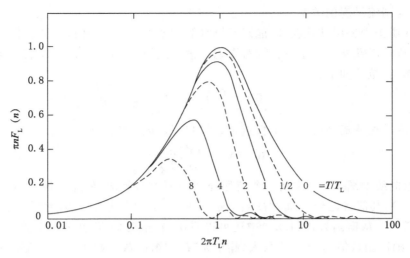

图 4.8　窗函数对湍流谱的加权效果
（引自 Pasquill and Smith，1983）

有时也用标准差表示，即 $\sigma_y = (\overline{y^2})^{1/2}$，并称之为扩散参数。从上述讨论可知，Taylor 公式在反映大气扩散基本特征、揭示湍流与扩散的关系方面具有十分重要的意义。但需要说明的是，Taylor 公式的最终解析形式是在严格的前提条件和层层假设后导出的。实际大气的情况则更为复杂。因此在使用该公式时一定要注意其主要限制条件：①连续源扩散；②湍流均匀、平稳假设。

　　虽然如此，将 Taylor 公式应用于实际大气条件仍然是很有吸引力的。特别是从实验研究的角度，通过 Taylor 公式可以避免直接观测烟云扩散尺度或浓度，而把扩散性质的研究转化成湍流观测问题。也就是说，通过对湍流脉动速度方差 $\overline{v'^2}$ 和相关系数 R_L（或湍流速度谱 F_L）的观测分析，获得扩散方差 $\overline{y^2}$ 随时间 T 变化的性质。

　　为此，首先要了解 Taylor 公式中湍流参数的属性。理论上，公式中速度方差和相关系数都是扩散过程中被动粒子的运动轨迹上的统计参量，具有拉格朗日属性（经常带有下标"L"）。但追随运动轨迹进行湍流观测是很困难的。实际观测多数是将仪器安装在固定点位，如观测杆、塔等，获得代表性点位的时间序列结果。这样获得的湍流统计结果是欧拉系统的。原则上，同一个湍流量在拉格朗日系统和欧拉系统的结果可能数值并不相同。因此要运用 Taylor 公式，首先需要建立实际观测的欧拉湍流参量与拉格朗日湍流参量之间的关系。

　　对湍流速度方差而言，情况较为简单，一般认为拉格朗日系统的结果与欧拉系统的结果相同。拉格朗日时间尺度与欧拉时间尺度的关系，可通过图 4.9 定性判断。

　　假设图中一个湍流涡旋的半径为 R，特征速度为 w'，按 Taylor 冻结湍流假设，该湍涡以平均速度 $\overline{u}$ 向下风移动并保持自身性质不变。这样，在拉格朗日系统下，该涡旋变化的时间尺度可写为 $T_L \sim \dfrac{2\pi R}{w'}$，即湍涡转动一周的时间。而对固定观测塔上的仪器，测到该涡旋的时间变化周期为 $T_E \sim \dfrac{2R}{\overline{u}}$，即该涡旋以速度 $\overline{u}$ 通过的时间。这样，二者的比值则为：

$$T_L / T_E = \frac{2\pi R}{w'} \Big/ \frac{2R}{\overline{u}} \approx \frac{\pi}{\sigma_w / \overline{u}} = \frac{\pi}{i_w} \tag{4.27}$$

上式推导中把湍涡的特征速度 w' 用脉动速度的标准差 σ_w 取代；$i_w = \sigma_w/\bar{u}$ 称为湍流强度，通常数值小于 1。可见，上述时间尺度的比值与湍流强度成反比。当然，该结果是基于一个概念化的模型导出的，系数 π 并没有定量的意义。实用中取经验关系：

$$\beta = T_L/T_E \approx \frac{0.5}{i_w} \in (1.5 \sim 5) \tag{4.28}$$

可见，拉格朗日时间尺度大于欧拉时间尺度。这一点可通过简单的观察获得验证。例如，我们观察烟囱口排放出的烟，会看到出口处的烟忽上忽下很快地变化。但如果盯住刚冒出来的一个烟团并追随它的运动来看，就会发现它的变化是较慢的。

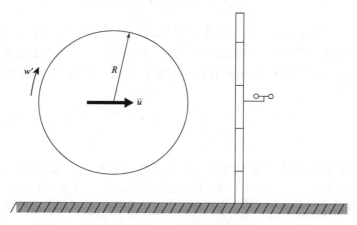

图 4.9　湍流拉格朗日时间尺度与欧拉时间尺度的关系
(引自 Hanna et al.,1982)

以上虽然导出了拉格朗日时间尺度与欧拉时间尺度的关系，但 Taylor 公式需要用到相关系数。为此，进一步假设拉格朗日相关系数 R_L 与欧拉相关系数 R_E 有相同的函数形式（Pasquill and Smith,1983），仅在时间尺度上有 β 倍的差别，因此有：

$$R_L(\beta t) = R_E(t) \tag{4.29}$$

对于谱形式的 Taylor 公式而言，则有：

$$nF_L(n) = \beta n S_E(\beta n) \tag{4.30}$$

这里 S_E 表示欧拉湍流谱密度函数。至此，原则上即可利用 Taylor 公式通过固定点的实际湍流观测计算出当地的扩散参数。

（10）扩散参数的实际计算方法

上面说原则上可以计算扩散参数，是因为从湍流观测的脉动速度获得相关系数或谱密度函数并不是一件简单的事。这给扩散参数的实际估算带来一定的困难。但仔细分析谱形式的 Taylor 公式，则可找到一条绕过直接计算相关系数或谱密度函数的方法，从而实现扩散参数的快速简化计算，方法如下。

首先把原来的 Taylor 公式改写为欧拉观测量：

$$\overline{y^2}(T) = \overline{v'^2} T^2 \int_0^\infty S_E(n) \frac{\sin^2(\pi n T/\beta)}{(\pi n T/\beta)^2} \mathrm{d}n \tag{4.31}$$

考察公式中窗函数对湍流观测信号的意义，假设某个频率 n 的信号写为：

$$v' = a\sin 2\pi n t$$

式中，a 为振幅，n 为频率，t 为时间。对该信号 t 时刻作任意 s 时段的平均，有：

$$v'_s = \frac{1}{s}\int_{t-s/2}^{t+s/2} a\sin 2\pi nt\,\mathrm{d}t = \frac{a}{\pi ns}\sin\pi ns \cdot \sin 2\pi nt$$

$$= v' \cdot \frac{\sin\pi ns}{\pi ns} \tag{4.32}$$

因此有
$$\overline{v'^2_s} = \overline{v'^2} \cdot \left(\frac{\sin\pi ns}{\pi ns}\right)^2 \tag{4.33}$$

对频率 n 从 $0\sim\infty$ 分布的湍流，且谱密度分布为 S_E，则有：

$$\overline{v'^2_s} = \overline{v'^2}\int_0^\infty S_E(n)\,\frac{\sin^2(\pi ns)}{(\pi ns)^2}\mathrm{d}n \tag{4.34}$$

由此可见，式（4.31）中的窗函数又可以看作是对观测到的湍流信号用 $s = T/\beta$ 这样一个时间长度进行平均。由于上述操作是对任意时刻 t 进行的，这样一个平均也就是对整个信号的逐点"滑动平均"。这与前面讲到的窗函数的信号过滤作用是一致的：低通滤波、去掉高频。于是式（4.31）可以改写为：

$$\overline{y^2}(T) = \overline{v'^2}T^2\int_0^\infty S_E(n)\,\frac{\sin^2(\pi nT/\beta)}{(\pi nT/\beta)^2}\mathrm{d}n$$

$$= \overline{v'^2_{T/\beta}}T^2 \tag{4.35}$$

可见，这样一来，求扩散方差的问题完全不需要经过相关系数或湍流谱的计算，而是直接对观测的湍流速度信号进行 $s = T/\beta$ 这样一个时间长度的滑动平均处理，再计算其方差 $\overline{v'^2_{T/\beta}}$，即可快速获得结果。当然，因为 $\overline{y^2}(T)$ 是扩散时间 T 的函数，上述计算过程应该取不同的 T 值多次进行。

（11）扩散统计理论小结

扩散的统计理论从拉格朗日观点考察扩散过程，使用概率统计方法研究扩散性质，将扩散问题转化为数学问题。该方法用被动标记粒子反映扩散过程，直观形象，便于研究思考。但这种粒子并不是任何实际的污染物或气溶胶粒子，只是一个研究思考的载体。

统计理论原则上适用于所有扩散过程，但实际获得的理论成果仅限于 Taylor 公式。而且该公式仅在严格限定的理想条件下适用（连续源扩散；湍流均匀、平稳假设）。实际大气中，在平坦均匀的地表条件下、大气日变化影响较小的时段，该公式才适用于水平方向的湍流和扩散参数计算。即使这样，使用实际观测的湍流资料时，还需考虑欧拉湍流属性与拉格朗日湍流属性的差异，用一系列假设条件和经验参数加以处理（β 经验常数等）。可见扩散理论研究是很困难的。因此需要其他研究方法与之相互支撑。

4.3　大气扩散的梯度输送理论

相比于统计理论，梯度输送理论的基础更坚实。它是沿着湍流研究的主线（所谓"湍流牛顿力学"）发展起来的，甚至可以看作是湍流研究的一部分。

（1）扩散输送方程

梯度输送理论的基础是湍流扩散输送方程，或叫平流输送方程。而这一方程的本质是物质在大气扩散过程中保持质量守恒。追随一个气块单元，该方程写为：

$$\frac{\mathrm{d}c}{\mathrm{d}t} = 0 \tag{4.36}$$

即,该气块在运动过程中质量(浓度 c)保持不变。当然广义的质量守恒可以包含源汇项,故有:

$$\frac{\mathrm{d}c}{\mathrm{d}t} = S \tag{4.37}$$

式中,S 为源汇项。前面说追随这个气块的运动,这是拉格朗日观点的处理。因此,将该方程改写到欧拉系统下,有:

$$\frac{\partial c}{\partial t} + u\frac{\partial c}{\partial x} + v\frac{\partial c}{\partial y} + w\frac{\partial c}{\partial z} = S \tag{4.38}$$

式中,u,v,w 为大气运动中 x,y,z 三方向的速度分量。对大气边界层问题,通常假设不可压缩性条件成立,故有:

$$\frac{\partial u}{\partial x} + \frac{\partial v}{\partial y} + \frac{\partial w}{\partial z} = 0 \tag{4.39}$$

将该式与质量守恒的平流方程结合,整理后有:

$$\frac{\partial c}{\partial t} = -\frac{\partial uc}{\partial x} - \frac{\partial vc}{\partial y} - \frac{\partial wc}{\partial z} + S \tag{4.40}$$

这是通量形式的平流方程。进一步将湍流分解运用于该方程,即:

$$u = \bar{u} + u', v = \bar{v} + v', w = \bar{w} + w', c = \bar{c} + c' \tag{4.41}$$

并对整个方程进行平均操作,结果为:

$$\frac{\partial \bar{c}}{\partial t} = -\frac{\partial \overline{uc}}{\partial x} - \frac{\partial \overline{vc}}{\partial y} - \frac{\partial \overline{wc}}{\partial z} - \frac{\partial \overline{u'c'}}{\partial x} - \frac{\partial \overline{v'c'}}{\partial y} - \frac{\partial \overline{w'c'}}{\partial z} + \bar{S} \tag{4.42}$$

这就是著名的平流扩散方程。方程左侧为浓度的局地变化项,右侧前三项为平均速度对浓度的平流或搬运作用项。与湍流平均运动方程类似,这一方程中也出现了湍流脉动量的相关项(右侧第 4、5、6 项),也叫湍流扩散项,反映的正是湍流对浓度的扩散作用。对实际大气,严格来说,方程中还应该包含分子扩散项,但其作用远小于湍流扩散项,故可忽略。

平流扩散方程是众多扩散模式和空气质量模式的数学物理基础。如果在方程中加上化学反应项,则方程可全面反映污染物在大气中的物理化学过程。梯度输送理论是求解平流扩散方程的理论。更严格地说,则是处理平流扩散方程中湍流扩散项的理论。

平流扩散方程中的湍流扩散项其实是湍流闭合问题的一部分。由于湍流分解和平均处理,原始方程中的非线性项导致湍流相关(湍流通量)项出现。这些项作为新的未知量,导致需求解的未知量个数多于方程个数,方程组数学上不可求解。因此需要进行闭合处理,提出闭合方案(closure scheme)。在扩散问题中,这就是梯度输送理论。

(2)梯度输送假设

梯度输送理论最初的思想源头是分子扩散理论。借用分子扩散通量与浓度梯度的关系以及扩散系数的概念,将湍流通量项写为:

$$\overline{u'c'} = -K_x\frac{\partial \bar{c}}{\partial x}$$

$$\overline{v'c'} = -K_y\frac{\partial \bar{c}}{\partial y}$$

$$\overline{w'c'} = -K_z\frac{\partial \bar{c}}{\partial z} \tag{4.43}$$

式中,K_x,K_y,K_z 为三个方向的湍流扩散系数。这样,平流扩散方程可写为:

$$\frac{\partial \overline{c}}{\partial t} = -\frac{\partial \overline{uc}}{\partial x} - \frac{\partial \overline{vc}}{\partial y} - \frac{\partial \overline{wc}}{\partial z} + \frac{\partial}{\partial x}\left(K_x \frac{\partial \overline{c}}{\partial x}\right) + \frac{\partial}{\partial y}\left(K_y \frac{\partial \overline{c}}{\partial y}\right) + \frac{\partial}{\partial z}\left(K_z \frac{\partial \overline{c}}{\partial z}\right) + \overline{S} \tag{4.44}$$

可见,该方程成功地消除了三个湍流通量未知量。不过随之而来的是,引入了三个方向的扩散系数。注意,分子扩散系数可以认为是物质的属性,例如空气、水、油,它们各自具有自己的扩散系数。分子扩散系数当然随温度也会变化,但一般变化不大。湍流扩散系数则完全不同,它不是物质的属性,而是运动的属性。也就是说,湍流运动的性质才是决定扩散系数的因素,因为湍流扩散本身就是由湍流的随机运动造成的。这样就使湍流扩散问题变得复杂,因为湍流运动的性质是时空变化的,这使得湍流扩散系数也是时空变化的参量。求解平流扩散方程需要事先确定这些参量。

梯度输送假设(4.43)式的意义是,湍流通量与平均浓度梯度成正比,从高浓度向低浓度方向输送(负号的意义),扩散系数为 K_x,K_y,K_z,是决定扩散快慢的参量。需要说明的是,从(4.43)式的定义,湍流扩散系数 K_x,K_y,K_z 都是正数。关于这一点,后面还会讨论。以下介绍实际大气中垂直湍流扩散系数的情况。

对于近地面层,前面介绍过,由莫宁-奥布霍夫相似性,有通量—廓线关系:

$$\frac{\kappa_0 z}{u_*} \frac{\partial \overline{u}}{\partial z} = \varphi_m \tag{4.45}$$

整理为

$$\frac{\kappa_0 z}{\varphi_m} \frac{\partial \overline{u}}{\partial z} = u_*$$

两边乘以 $-u_*$,则有:

$$-\frac{\kappa_0 u_* z}{\varphi_m} \frac{\partial \overline{u}}{\partial z} = -u_*^2 = \overline{u'w'} \tag{4.46}$$

可见,湍流动量扩散系数即为:$K_{mz} = \dfrac{\kappa_0 u_* z}{\varphi_m}$。

类似地,由 $\dfrac{\kappa_0 z}{c_*} \dfrac{\partial \overline{c}}{\partial z} = \varphi_c$,变换得 $\dfrac{\kappa_0 z}{\varphi_c} \dfrac{\partial \overline{c}}{\partial z} = c_*$,两边乘以 $-u_*$,则有:

$$-\frac{\kappa_0 u_* z}{\varphi_c} \frac{\partial \overline{c}}{\partial z} = -c_* u_* = \overline{w'c'} \tag{4.47}$$

因此浓度标量的垂直湍流扩散系数为:$K_{cz} = \dfrac{\kappa_0 u_* z}{\varphi_c}$。可见,莫宁-奥布霍夫相似性可以用来确定近地面层的垂直湍流扩散系数。

对整个大气边界层,垂直湍流动量扩散系数的一个样例如图 4.10。可见该扩散系数随高度变化,并在边界层中部出现一个峰值。

对于浓度标量的垂直湍流扩散系数,Zannetti(1990)总结如下:

不稳定大气,近地面层($0 \leqslant z/z_i \leqslant 0.05$):

$$K_{cz} = 2.5 w_* z_i \left[\frac{\kappa_0 z}{z_i}\right]^{4/3} \left[1 - 15\left(\frac{z}{z_i}\right)\right]^{1/4} \tag{4.48}$$

近地面层以上:

$$K_{cz} = w_* z_i f\left(\frac{z}{z_i}\right) \tag{4.49}$$

其中经验函数为:

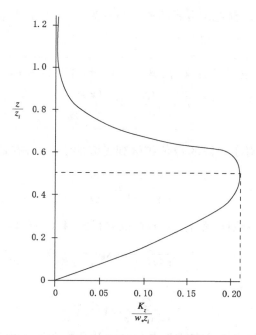

图 4.10　垂直扩散系数在边界层内的变化

(引自 Zannetti,1990)

$$f(\frac{z}{z_i}) = \begin{cases} 0.021 + 0.408\frac{z}{z_i} + 1.351(\frac{z}{z_i})^2 - 4.096(\frac{z}{z_i})^3 + 2.560(\frac{z}{z_i})^4 & (0.05 \leqslant \frac{z}{z_i} \leqslant 0.6) \\ 0.2\exp(6 - 10z/z_i) & (0.6 \leqslant \frac{z}{z_i} \leqslant 1.1) \\ 0.0013 & (\frac{z}{z_i} > 1.1) \end{cases}$$

$$(4.50)$$

中性大气边界层,有:

$$K_{cz} = \kappa u_* z\exp(-8zf/u_*) \tag{4.51}$$

稳定大气边界层,有:

$$K_{cz} = \frac{\kappa u_* z}{0.74 + 4.7z/L}\exp(-8zf/u_*) \tag{4.52}$$

需要说明的是,近地面层以上的湍流垂直扩散系数仍然是值得探讨的课题。而对水平扩散系数,常常在模式中取为一个常数,如 $K_{cz} = K_{cy} = 10^4 \sim 10^7 (\text{m}^2/\text{s})$。这一常数可能偏大,但模拟结果却与观测符合较好。至今对水平扩散系数仍然存在很大的争议。

(3)菲克扩散与解析解

虽然一般平流扩散方程的求解,严格来说只能依赖数值计算,但一些特定情况仍然可以获得解析解。梯度输送理论最简单的处理就是假设扩散系数 K_x,K_y,K_z 皆为常数,这也就是所谓菲克扩散(Fickian diffusion)的情况。进一步简化方程,令式(4.44)中平均运动速度为 0,从而不考虑方程中的平流项;并假设 $K_x = K_y = K_z = K$,将式(4.44)写为 1 维扩散方程形式:

$$\frac{\partial \bar{c}}{\partial t} = \frac{\partial}{\partial r}(K\frac{\partial \bar{c}}{\partial r}) \tag{4.53}$$

其中 r 代表 1 维空间坐标。设定该方程的初始条件为：$t = 0$ 时刻，在 $r = r_s$ 处，瞬时点源源强为 Q，形成的初始浓度为 $\bar{c} = Q\delta(r - r_s)$。

> 这里 δ 函数的定义为：当 $r = r_s$ 时，$\delta = 1$；当 $r \neq r_s$ 时，$\delta = 0$。也就是说：
>
> $$\bar{c} = \begin{cases} Q & (r = r_s) \\ 0 & (其他) \end{cases} \tag{4.54}$$

当扩散时间 $t \to \infty$，对于有限的 Q 值扩散到无穷的空间，必有 $\bar{c}(r) \to 0$；但同时由质量守恒，又有：

$$\int_{-\infty}^{\infty} \bar{c}\, \mathrm{d}r = Q \tag{4.55}$$

在这样的条件下，且不失一般性，令 $r_s = 0$，扩散方程式（4.53）可以获得解析解为：

$$c = \frac{Q}{(\pi 4Kt)^{1/2}} \exp\left(-\frac{r^2}{4Kt}\right) \tag{4.56}$$

令 $\sigma^2 = 2Kt$，则有：

$$c = \frac{Q}{(2\pi)^{1/2}\sigma} \exp\left(-\frac{r^2}{2\sigma^2}\right) \tag{4.57}$$

可见，这是一个标准的高斯分布或正态（normal）分布函数。由于函数的标准差随时间增大，浓度在空间上的分布范围也随之增大，但浓度值降低。图 4.11 显示了这个高斯函数取标准差 σ 的值为 1，2，3 和 4 时的分布曲线，形象地反映了扩散的这一动态过程（图 4.11 中取 $Q = 1$）。

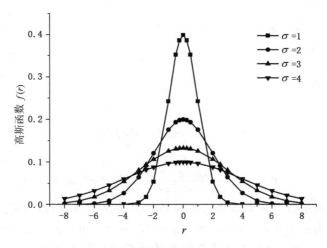

图 4.11　不同标准差的高斯分布曲线

上述菲克扩散解进一步推广到 3 维的情况，并认为空间 x, y, z 三个方向的扩散系数 K_x，K_y，K_z 各不相同，则有：

$$\begin{aligned} c &= \frac{Q}{(4\pi t)^{3/2}(K_x K_y K_z)^{1/2}} \exp\left[-\frac{1}{4t}\left(\frac{x^2}{K_x} + \frac{y^2}{K_y} + \frac{z^2}{K_z}\right)\right] \\ &= \frac{Q}{(2\pi)^{3/2}\sigma_x \sigma_y \sigma_z} \exp\left[-\frac{1}{2}\left(\frac{x^2}{\sigma_x^2} + \frac{y^2}{\sigma_y^2} + \frac{z^2}{\sigma_z^2}\right)\right] \end{aligned} \tag{4.58}$$

其中　　　　　　　　　　$$\sigma_x^2 = 2K_x t；\sigma_y^2 = 2K_y t；\sigma_z^2 = 2K_z t$$

可见这是一个 3 维高斯分布,其某一浓度等值面将呈现为一个椭球状。

把菲克扩散的结果推广到连续源排放,也就是 Taylor 理想化扩散实验的情况,则由烟流扩散输送的连续性条件(即烟流质量守恒:源排放出的污染物均匀通过下风向各个截面):

$$\int_{-\infty}^{\infty}\int_{-\infty}^{\infty} \bar{u}\,\bar{c}\,\mathrm{d}y\mathrm{d}z = Q \tag{4.59}$$

获得烟流的菲克扩散解:

$$c = \frac{Q}{2\pi u \sigma_y \sigma_z}\exp\left[-\frac{1}{2}\left(\frac{y^2}{\sigma_y^2} + \frac{z^2}{\sigma_z^2}\right)\right] \tag{4.60}$$

式中,$\bar{u}$ 为平均风速,$\sigma_y^2 = 2K_y t；\sigma_z^2 = 2K_z t$。注意这里已取平均风方向为 x 方向,y 为垂直于风速的水平方向,z 为垂直方向。常称 y 方向的为侧向扩散。

菲克扩散虽然是一个很强的假设(K 为常数),但这些解析解却提供了扩散过程、形态的定性描述,有利于我们理解扩散现象和过程,并指导实际应用。首先,解析解获得了烟云或烟团(puff)浓度分布的形状函数,即高斯分布。从实际烟云的长时间平均来看,浓度分布也的确是接近于高斯分布的。因此高斯函数为我们描述烟云的空间分布提供了一个极好的数学定量工具。而从高斯函数的特性可知,浓度分布完全由其方差/标准差决定,该方差则随时间或下风距离变化(增大)。这就描述了烟云随时间或下风向的变化。此外,解析解还提供了这样一个信息,即,只要合理地确定高斯函数的标准差 σ_y,σ_z,就有可能定量估算扩散的浓度。这一点具有极大的实际应用意义,因为实用中可以避开使用菲克扩散这一强假设条件,而直接使用观测方法确定扩散标准差 σ_y,σ_z,从而达到实际估算浓度的目标。因此,该解析解为后来应用广泛的高斯模式奠定了基础。

(4)扩散方程的高阶闭合介绍

前面提到,梯度输送理论其实是湍流闭合问题的一部分。因此,湍流研究的成果都可应用于解决扩散问题。从湍流闭合的角度来看,梯度输送理论只是一个较"低阶"的假设。下面简略介绍平流扩散方程的湍流闭合问题。这部分内容可供使用气象模式的人参考。

首先重述湍流随机量的"矩"和"阶"(moment & order),是指该量的平均和变量乘积的幂次。例如,$\overline{u'}$,$\bar{c}$ 都是 1 阶统计平均量,也叫 1 阶矩量;$\overline{u'^2}$,$\overline{c'u'}$ 都是 2 阶矩量;$\overline{u'^3}$,$\overline{c'u'^2}$,$\overline{c'u'w'}$ 都是 3 阶矩量,如此等等。前述梯度输送理论或 K 理论直接把 2 阶的湍流通量项用低阶的平均量参数化表达出来,使得平流扩散方程的求解最终只处理 1 阶统计量。这种情况称为"1 阶闭合"。

按梯度输送假设的定义,扩散系数 K_x,K_y,K_z 永远是正值。但实用中发现,某些情况下 K 值变得无法定义,甚至变为负值。例如,有些平均浓度梯度极小或接近于 0 的情况,湍流通量却很大,要求 K 取不合理的大值;甚至偶尔有逆梯度输送的情况,湍流通量从平均浓度低处指向高处,要求 K 为负值。这些都说明梯度输送假设在理论上并不能完全反映真实湍流的特性,某些情况下是不合理的。因此,研究者尝试用直接求解湍流通量项(2 阶矩)的方法解决该问题,即,推导出湍流通量项的偏微分方程,将其与平流扩散方程同步求解。这一思路称为高阶闭合。在推导出的湍流通量项方程中,又会不可避免地引进更高阶的矩量,需要进行参数化才能使方程组闭合。以此类推,可以逐阶推高,方程也总需要做闭合假设,这就是湍流研究中著名的"闭合问题"。当然高阶闭合中也分不同的"阶"。总体而言,直接用微分方程求解的统计矩的最高阶数就是所说的闭合的阶数。因此可以有 2 阶闭合和 3 阶闭合,甚至更高阶的闭合。以下用一个极简化的例子说明这一过程。

将平流扩散方程进行简化,忽略平均运动项和水平湍流扩散项,只考虑垂直扩散,则方程简化为:

$$\frac{\partial \bar{c}}{\partial t} = -\frac{\partial \overline{w'c'}}{\partial z} \tag{4.61}$$

该方程中湍流通量项(2 阶矩量)的方程经数学推导,写为:

$$\frac{\partial \overline{w'c'}}{\partial t} = -\overline{w'^2}\frac{\partial \bar{c}}{\partial z} - \frac{\partial \overline{w'^2 c'}}{\partial z} - \frac{\overline{c'}}{\rho}\frac{\partial p'}{\partial z} + g\frac{\overline{c'T'}}{T_0} + \nu\frac{\partial^2 \overline{w'c'}}{\partial z^2} - 2\nu\frac{\overline{\partial w'}}{\partial x_i}\frac{\partial c'}{\partial x_i} \tag{4.62}$$

可见该方程中又出现了新的统计矩项。为此,一种参数化闭合方案是:

$$\text{A) } \overline{w'^2 c'} = -\Lambda_2 q\frac{\partial \overline{w'c'}}{\partial z}; \qquad \text{B) } \overline{p'c'} = -\rho q\Lambda_3\frac{\partial \overline{w'c'}}{\partial z};$$

$$\text{C) } \frac{\overline{c'}}{\rho}\frac{\partial p'}{\partial z} = -\frac{q}{\Lambda_1}\overline{w'c'}; \qquad \text{D) } \frac{\overline{\partial w'}}{\partial x_i}\frac{\partial c'}{\partial x_i} = \frac{\overline{w'c'}}{\Lambda} \tag{4.63}$$

式中,Λ 和 q 等是需进一步经验确定的湍流尺度和系数。通过式(4.61)—式(4.63),即可解出时空变化的 $\overline{w'c'}$ 和 $\bar{c}$。这种方法就是 2 阶闭合。

一般认为,高阶闭合可以反映更多湍流机理,从而更好地反映实际湍流扩散过程,比 1 阶闭合的梯度输送理论更有优势,但模拟计算的复杂性也大大增加。高于 2 阶的闭合方案更为复杂,而且由于许多经验参数难以获得足够的实验支撑,可信度也下降。因此实际应用中很少有超过 2 阶闭合的例子。

(5)基于平流扩散方程的大气扩散模式

在解决了方程的不闭合问题之后,平流扩散方程理论上是可以求解的。当然并没有普遍的解析解,而只能通过计算获得数值解。这就形成了大气扩散的各种数值模式。加上污染物的化学过程,并与气象过程耦合,就成为空气质量模式。需要强调的是,大气污染过程是与气象过程密切相关的。但早期污染过程的研究仅把气象过程当作一个外部驱动因子,因此气象模式也与大气扩散模式分别发展。现在的空气质量模式已经越来越多地把这两方面结合起来,形成庞大复杂的模式系统。总体而言,模式分为几大模块,如基础信息(地理、地形、植被等)模块、气象模块、污染源模块、化学模块、大气扩散模块等。实际上,气象模块中也有物质传输的处理,如水汽等,因此污染物扩散其实很容易包含在气象模块中。由于平流扩散方程是一个随时间变化的方程,也称预报方程。只要给出初始条件,该方程就可以预测未来的情况。这一特性使模式具有强大的应用意义。当然很多研究工作并不注重及时预报的功能,而是使用模式工具对已经发生的污染过程进行解剖式分析,了解不同因素在污染过程中的作用和反馈。

4.4　大气扩散的相似性理论

大气扩散的相似性与前面章节讲过的湍流相似性的原理和方法是一样的,只不过用来处理大气扩散问题。因此其方法是:相似性分析(量纲分析)—经验公式—实验检验。与近地面层湍流相似性(又称欧拉相似性)取得的成功有关,近地面层扩散的相似性分析也获得了良好的效果。对整个边界层的情况,扩散相似性只是对不稳定边界层(混合层)取得了较好的效果。

4.4.1　近地面层扩散的相似性

(1)拉格朗日近地面相似性

扩散的相似性又称为拉格朗日相似性,因为连续追踪扩散物质的轨迹是一个拉格朗日过程。近地面层拉格朗日相似性是莫宁-奥布霍夫湍流相似性(欧拉相似性)的简单推广。回顾一下,莫宁-奥布霍夫相似性认为,近地面层湍流性质完全由地表与大气的湍流相互作用所决定,从而导出近地面层控制参量有:

$$u_*, H, (L), t, (z)$$

等等,分别表示湍流特征速度、感热通量、特征长度(稳定度参数)、时间、高度。拉格朗日相似性认为,既然被动物质的扩散是由湍流决定的,那么上述决定湍流性质的参量也就完全决定了扩散的过程和结果。这就是拉格朗日相似性假设。

当然,要处理扩散问题必须考虑排放源条件。由于近地面层适用的垂直范围有限,一般理论分析只处理地面源的情况,即,源高为 0。在实际应用中,这一条件会略为放宽,认为几米 (10^0m) 高度的近地面源也可以当作地面源处理。但这需要把该源当作上风向的一个等效地面"虚源"。

> [**虚源**]虚拟的源,将特定实际源情况看作某种简化、理想的等效条件,方便数学处理。比如此处把一定高度的源看作地面源处理。

近地面大气扩散问题一般取水平平均风的方向为 x 坐标,与之垂直的水平方向为 y 坐标(侧向),垂直高度方向为 z 坐标。由于水平平均风速 U 的作用往往远大于 x 方向的湍流扩散作用,一般只需考虑 y 和 z 方向的湍流扩散。

> [**纵向扩散**]严格地说,沿着平均风方向的湍流扩散也是存在的,并称之为纵向扩散。只不过通常情况下,平均风速的作用很大,以至于可以忽略纵向扩散的作用。在小风条件下,纵向扩散的作用不可忽略,否则会使扩散估算失准。

(2)近地面垂直扩散的 Batchelor 方程

平坦均匀地形条件下,近地面层湍流性质只在 z 方向变化。这是理想化的莫宁-奥布霍夫相似性处理的情况。与此不同,即使假设定常烟云条件,扩散问题通常也在 x, y, z 三个方向都会变化,即,定常连续排放、定常风场条件下,扩散烟云的浓度是三维空间的函数 $c(x, y, z)$。如果认为 y 方向湍流是均匀的,其处理会相对简单。但近地面湍流随高度变化明显,同时近地面扩散受到地表的边界条件限制,这就使得垂直扩散成为关注的重点。假设有地面连续点源,只考虑 (x, z) 方向二维情况,形成的浓度场为 $c(x, z)$,则描述烟流垂直扩散随下风距离变化关系的 Batchelor 方程可写为:

$$\frac{\mathrm{d}\bar{Z}}{\mathrm{d}t} = bu_* \Phi\left(\frac{\bar{Z}}{L}\right) \tag{4.64}$$

$$\frac{\mathrm{d}\bar{X}}{\mathrm{d}t} = u(a\bar{Z}) \tag{4.65}$$

式中，$\overline{X}$ 是平均下风距离；b，a 为经验常数；$\overline{Z}$ 为平均烟云高度，其定义为：

$$\overline{Z} = \frac{\int_0^\infty zc(z)\mathrm{d}z}{\int_0^\infty c(z)\mathrm{d}z} \tag{4.66}$$

平均烟云高度是一个随下风距离变化的量，方程中正是用它表示垂直扩散的尺度。注意，Taylor 公式中用方差 σ_y 或 σ_z 表示扩散的尺度，$\overline{Z}$ 有类似的意义。

这里需要说明的是，Batchelor 方程实际考察的是定常连续烟流中一个烟流元的行为。如前所述，烟流可以看作是不同时刻从该源连续排放出来的烟流元的组合。所有这些烟流元经历的扩散过程都是相同的，因此只需考虑一个瞬时排出的烟流元，通过追踪这个烟流元的扩散过程，就可以了解整个烟流的扩散特征。方程中该烟流元的质心位置即是（$\overline{X}$，$\overline{Z}$）。

Batchelor 方程的意义是，烟云垂直扩散的速度（$\frac{\mathrm{d}\overline{Z}}{\mathrm{d}t}$）由近地面层的摩擦速度 u_* 决定，也和稳定度有关，通过经验函数 $\Phi(\frac{\overline{Z}}{L})$ 表达；另外，该烟流元以某个高度（$a\overline{Z}$）的平均风速向下游移动。该方程可作为相似性分析（量纲分析）的结果直接写出。经验函数由实验确定，一般取为：$\Phi = \varphi_h^{-1}(\frac{z}{L})$。

将 Batchelor 方程的两个公式相除（第 2 式除以第 1 式），并积分，则可导出下风距离与烟云高度的关系：

$$\begin{aligned}
\overline{X} &= \frac{1}{bu_*}\int_{z_0}^z \frac{\bar{u}(a\overline{Z})}{\Phi(\overline{Z}/L)}\mathrm{d}\overline{Z} \\
&= \frac{1}{\kappa b}\int_{z_0}^z \frac{f(a\overline{Z}/L) - f(az_0/L)}{\Phi(\overline{Z}/L)}\mathrm{d}\overline{Z}
\end{aligned} \tag{4.67}$$

注意顺风向的积分当然是从源点 0 直到 $\overline{X}$，垂直方向的积分则是从地面 z_0 到 $\overline{Z}$，即从两个方向积分到烟流元的质心位置（$\overline{X}$，$\overline{Z}$）。上式第二步的积分结果中 f 是一个风速的经验函数，来自通量－廓线关系，即：

$$\bar{u}(z) = \frac{u_*}{\kappa}\int_{z_0}^z \varphi_m/z\mathrm{d}z = \frac{u_*}{\kappa}[f(z/L) - f(z_0/L)] \tag{4.68}$$

故有：

$$\bar{u}(a\overline{Z}) = \frac{u_*}{\kappa}[f(a\overline{Z}/L) - f(az_0/L)]$$

对非中性条件，上述 $\overline{X} - \overline{Z}$ 关系只能通过数值方法求解。对于中性条件，有 $\Phi(\frac{\overline{Z}}{L}) = 1$，且 $\bar{u}(z) = \frac{u_*}{\kappa}\ln z/z_0$，$\overline{X} - \overline{Z}$ 关系可以积分获得解析解：

$$\overline{X} = \frac{\overline{Z}}{\kappa b}[\ln(a\overline{Z}/z_0) - 1 + z_0/\overline{Z}(1 - \ln a)] \tag{4.69}$$

以上是对单个烟流元的考虑。对整个扩散烟流，相当于不同时刻从源连续排放出来的烟流元在 x 轴上的组合，因此 $\overline{X}$ 就等同于 x。也因此，上述 $\overline{X} - \overline{Z}$ 关系实际就是对烟流垂直扩散尺度随下风距离的描述，即函数 $\overline{Z}(x)$。

对于经验常数 b，a，则有：

$$b \cong \kappa \sim 0.4 \tag{4.70}$$

$$a = \begin{cases} 0.56 & \text{不稳定} \\ 0.63 & \text{中性} \\ 0.8 \sim 0.9 & \text{稳定} \end{cases} \quad (4.71)$$

平均烟云高度 $\overline{Z}$ 在近地面层扩散问题中的作用类似于 Taylor 公式中讨论的扩散方差 σ_y 或 σ_z，都表示烟云扩散的尺度。要估算烟云浓度，还需要知道浓度的空间分布形状。在 K 理论中，菲克扩散的解析解给出了高斯分布作为浓度的形状函数。近地面层垂直扩散的浓度分布函数也可从二维平流扩散方程的一个解析解得到线索，见以下说明。

设地面连续点源源强为 Q，其定常二维平流扩散方程为：

$$-\overline{u}\frac{\partial \overline{c}(x,z)}{\partial x} - \frac{\partial(\overline{w'c'})}{\partial z} = 0 \quad (4.72)$$

按 K 理论，有 $\overline{w'c'} = -K\frac{\partial \overline{c}(x,z)}{\partial z}$。进一步假设近地面层平均风速和湍流扩散系数 K 都随高度服从幂次律变化：$\overline{u}(z) = u_1 z^m$；$K(z) = K_1 z^n$，其中 u_1, K_1, m, n 都是常数。对此条件，帕斯奎尔（Pasquill）求得方程的解析解为：

$$\frac{\overline{c}(x,z)}{Q} = \frac{A}{U\overline{Z}}\exp\left[-\left(\frac{z}{B\overline{Z}}\right)^s\right] \quad (4.73)$$

式中 U 是平均烟云高度对应的风速，s 是形状因子，A 和 B 都是 s 的伽玛函数表达式：

$$A = \frac{s\Gamma(2/s)}{[\Gamma(1/s)]^2}; \qquad B = \frac{\Gamma(1/s)}{\Gamma(2/s)} \quad (4.74)$$

> [伽玛函数的定义和性质]
>
> $$\Gamma(x) = \int_0^\infty t^{x-1}\mathrm{e}^{-t}\mathrm{d}t$$
>
> $$\Gamma(x) = \Gamma(x+1)/x \qquad (4.75)$$
>
> $$\Gamma(1) = 1; \Gamma(1/2) = \sqrt{\pi}$$

注意上述解析解并不是一个显式的数学表达，因为平均烟云高度是下风距离的隐式函数。在给定形状因子 s 的数值后，可以对（4.73）进行数值求解。

（3）连续源条件的应用

对连续点源的烟流进行侧向浓度积分，有：

$$\overline{C}_y(x,z) = \int_{-\infty}^{\infty}\overline{C}(x,y,z)\mathrm{d}y \quad (4.76)$$

式中，$\overline{C}_y$ 为侧向积分浓度（cross-wind-integrated）。上述二维平流扩散方程可认为等效于描述侧向积分浓度的水平输送与垂直扩散。按帕斯奎尔的解析解，烟云侧向积分浓度与其地面浓度的比值为：

$$\frac{\overline{C}_y(x,z)}{\overline{C}_y(x,z=0)} = \exp\left[-\left(\frac{z}{B\overline{Z}}\right)^s\right] \quad (4.77)$$

形状因子的经验取值则为：

$$s = \begin{cases} 1.2 & \text{（很不稳定）} \\ 1.5 & \text{（中性）} \\ 2 & \text{（很稳定）} \end{cases} \quad (4.78)$$

可见,只有很稳定的大气条件下,近地面烟云扩散浓度是高斯分布的($s=2$),其他情况则偏离高斯分布。

对于源强为 Q 的连续排放源,其连续性条件为:

$$\int_{z_0}^{\infty} \overline{C}_y(x,z) \cdot \bar{u}(z)\mathrm{d}z = Q \tag{4.79}$$

将(4.77)式写为 $\overline{C}_y(x,z) = \overline{C}_y(x,z=0)\exp[-(\frac{z}{B\overline{Z}})^s]$ 代入,整理后有:

$$\overline{C}_y(x,z=0) = \frac{Q/z_0}{\int_1^{\infty} \bar{u}(z)\exp[-(\frac{z}{B\overline{Z}})^s]\mathrm{d}\frac{z}{z_0}} \tag{4.80}$$

进一步假设烟云的侧向扩散符合高斯分布,扩散标准差为 σ_y,则近地面层扩散烟流的浓度可写为:

$$\overline{C}(x,y,z) = \frac{1}{\sqrt{2\pi}\sigma_y}\overline{C}_y(x,z=0)\exp[-(\frac{z}{B\overline{Z}})^s]\exp(-\frac{y^2}{2\sigma_y^2}) \tag{4.81}$$

这就是近地面层烟云浓度的三维解析解,是一个有关 $\overline{Z}(x)$ 的隐式函数,需要通过数值计算求解。

需要说明的是,(4.76)式的地面侧向积分浓度 $\overline{C}_y$ 对实验研究具有特殊意义。一方面,地面浓度相比于高空浓度更适合观测,另一方面,侧向积分浓度可以大大降低单个测点浓度观测的随机涨落,从而成为一个重要的观测量。事实上,烟云浓度垂直分布的形状因子 s 也可以通过大量观测试验由(4.76)式推算、拟合出来的,从而避免直接观测垂直浓度分布的困难。

4.4.2　混合层的扩散相似性

在本课程中,混合层仅指不稳定边界层,因为只有该条件才能很快达成整个边界层内的均匀混合。已知不稳定边界层的特征变量是:$w_*、z_i、t_*$。按照近地面层对扩散问题的处理,假设混合层内的扩散特征也可以完全由这些特征量表达,则可写出以下无因次化方程:

$$\frac{\sigma_y(t)}{z_i} = f_y(w_* t/z_i) \tag{4.82}$$

$$\frac{\sigma_z(t)}{z_i} = f_z(w_* t/z_i) \tag{4.83}$$

式中,f_y 和 f_z 是经验函数,需由实验确定(注意,此处选用 σ_y 和 σ_z 作为扩散尺度特征量,近地面层中则使用 $\overline{Z}$ 代替 σ_z 的功能)。上式表达的意义是,无因次扩散尺度是无因次扩散时间 $w_* t/z_i$ 的函数。不过,该无因次时间同时也可表达混合层中的无因次下风距离 X,因为:

$$\frac{w_* t}{z_i} = \frac{t}{z_i/w_*} = \frac{t}{t_*} = T \tag{4.84}$$

$$\frac{w_* t}{z_i} = \frac{w_* x/\bar{u}}{z_i} = \frac{w_*}{\bar{u}}\frac{x}{z_i} = X \tag{4.85}$$

式中,$\bar{u}$ 为混合层平均风速,T 和 X 分别表示无因次时间和无因次下风距离。

关于经验函数 f_y,实验获得的结果是:

$$f_y(X) = \begin{cases} 0.6X & (X<1) \\ 0.6X/(1+2X)^{1/2} & (X>1) \end{cases} \tag{4.86}$$

对垂直扩散,则与源的高度有关,对高排放源,有:

$$f_z(X) = \begin{cases} 0.5X & (X < 0.7) \\ [1/3 - z_s/z_i + (z_s/z_i)^2]^{1/2} & (X > 1) \end{cases} \tag{4.87}$$

对地面源,则有:

$$f_z(X) = \begin{cases} 0.5X^{6/5} & (X \text{ 小}) \\ \propto X^{3/2} & (X \text{ 大}) \end{cases} \tag{4.88}$$

这些经验函数,以及对混合层中大气扩散性质的了解,早期都来自一些很精细的实验室模拟。很有名的是 Deardorff 的水槽(water tank)实验。图 4.12 给出的就是不稳定边界层中扩散特性的经典实验结果。图 4.12 中显示 3 个不同高度排放源形成的烟云,在边界层中,其侧向积分浓度随下风向的变化。一个很奇特的现象是,烟云轴线并不保持水平。对低源,烟流轴线沿地面附近一段距离后会抬升到边界层上部,其后渐趋均匀混合。对高源,烟流轴线一开始会下沉接触地面,然后才抬升起来。这种垂直方向非对称的扩散行为引起大家的注意,也反过来推动对不稳定边界层湍流性质的进一步认识。

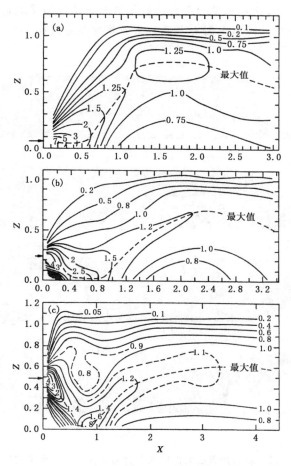

图 4.12　不稳定边界层扩散的水槽实验结果:不同源高的情况

(引自 Venkatram and Wyngaard,1988)

后来 Deardorff 的实验室模拟结果得到了计算机数值模拟结果以及野外观测实验结果的验证,现在已经成为公认的事实。有关垂直方向非对称扩散的特性,可用对流边界层内垂直湍流速度 w 的偏斜度 $\left[\, S_w = \overline{w'^3}/(\overline{w'^2})^{3/2}\,\right]$ 加以解释。实验观测发现,该偏斜度值在对流边界层中约为 0.6 左右(参见边界层湍流章节的介绍),这一结果表明对流边界层中上升速度出现的概率较小,但速度较大,而下沉速度的概率较大,但总体速度较小。这使得低源排放的污染物一旦被上升热泡捕获,即可很快向上抬升,从而使烟云轴线快速升高。而高架源排放的污染物有更大的概率处于下沉气流中,从而平均而言,烟流轴线一开始会下沉。图 4.13 为数值模拟的结果,与水槽实验的结果有很好的对应关系。

> **[水槽实验]** 实验室水槽实验并没有模拟边界层的水平流动。图 4.12 的 X 只是水槽中污染物浓度的无因次时间变化。其实验设计是这样的:在一个静止的水槽中,底部加热,制造出热对流状态(对流边界层);之后在某一高度(源高)进行一个瞬时线源(或面源)的污染释放,然后测量污染物在水槽内各高度的水平积分浓度随时间的变化,即可代表一个点源的侧向积分浓度随下风向的扩散情况。参见上述有关无因次时间和无因次下风距离的等效关系式(4.84)和式(4.85)。

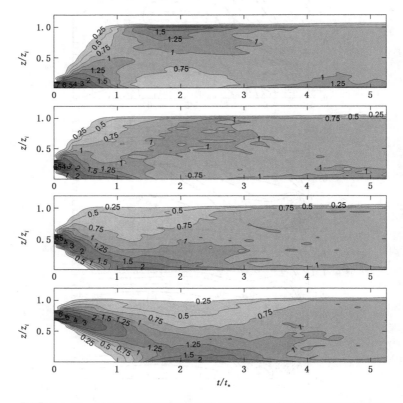

[彩] 图 4.13　对流边界层大涡模式结合随机粒子模式模拟的扩散结果

(a) $h_s/z_i = 0.06$;(b) $h_s/z_i = 0.25$;(c) $h_s/z_i = 0.5$;(d) $h_s/z_i = 0.75$

(图中为无因次浓度分布,h_s 为源高)

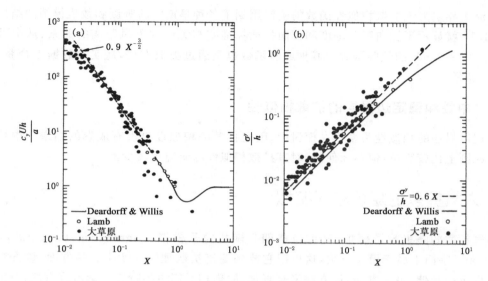

图 4.14　侧向积分浓度、扩散标准差随下风距离的变化

（引自 Venkatram and Wyngaard,1988）

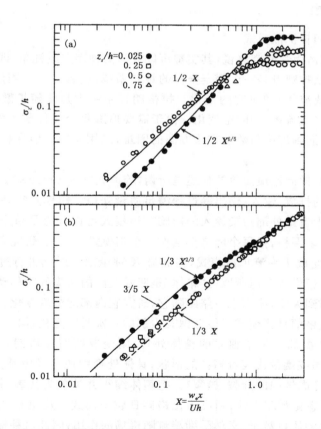

图 4.15　扩散标准差随下风距离的变化：不同源高的结果

（引自 Venkatram and Wyngaard,1988）

对流边界层大气扩散相似性函数的确定用到了各种早期实验观测和数值模拟的结果。例如,图 4.14 就显示了侧向积分浓度和侧向扩散标准差与无因次下风距离的关系,从中可以拟合出 $f_y(X)=0.6X$ 的经验函数。其他经验函数也是通过类似方法,从实验数据拟合获得,如图 4.15 等等。

4.4.3 中性和稳定边界层的扩散相似性

稳定边界层的相似性关系仍在探讨中,因此扩散的相似性也没有成熟的结果。中性大气边界层原则上比较简单,但不知何故,对其扩散相似性的研究也较少。

4.5 大气扩散的随机粒子模拟

大气扩散的随机粒子模拟,又称拉格朗日随机粒子模拟(Lagrangian stochastic particle simulation),字面上属于模拟方法,这里把它放到湍流扩散理论一章中。一方面,该方法是扩散统计理论的延伸,另一方面,该方法又有直观、原理相对简单的特点。学习该方法,有助于进一步理解大气扩散理论并了解实际扩散过程。

4.5.1 概念与回顾

(1)欧拉与拉格朗日扩散模式

对大气扩散或流体力学研究来说,其实都可以分为两种观点或视角,即欧拉观点和拉格朗日观点。如前所述,欧拉观点是一个固定坐标的观测系统,或者是一个固定的网格系统,考察该系统中扩散物质(或流体)随时间的变化。拉格朗日系统则是跟随扩散物质运动的观测系统,即,跟踪扩散物质(或流体)的时空变化。由于需要追踪每个流体质点的轨迹,在流体力学研究中拉格朗日方法遇到理论与数学方法方面的困难,应用有限。但在扩散问题的研究中富有成果。

在欧拉系统下,扩散问题最简单的描述是所谓"箱模式"(box model)。即假设该"箱"内浓度均匀混合,污染物的排放、输入、输出等过程满足质量守恒。箱模式往往对一个城市进行整体描述,并在其边界上考虑外部污染输入的影响。箱模式可以认为是单个网格的模式。如果将研究空间细分成众多网格,把每个网格都当作一个箱模式的单元,研究它的浓度变化及与周边网格的交换,这就变成了平流扩散模式,在湍流 K 理论部分对此进行过介绍。在拉格朗日系统下,也有所谓的"箱模式",但所取的"箱体"是跟随关注的污染气团移动的。比如一团污染的空气从北京随风飘到天津,我们也一路跟随它,研究它内部的浓度变化。这就是拉格朗日箱模式。单个箱体的拉格朗日箱模式只能考虑其内部的一次时间变化过程。如果把污染源每个时刻排放出来的污染物都用一个独立的箱体处理,则变成所谓拉格朗日烟团(puff)或烟段(segment)模式。烟团或烟段代表着箱体的形状,具体处理中还会考虑其大小的变化(一般随时间增大,有时还会考虑烟团的分裂/撕裂)。把箱体缩小并抽象为代表污染物微元的质点粒子,如同 Taylor 的理想化示踪实验,则成为拉格朗日粒子模式。这也是拉格朗日方法应用的极致情况。作为被动的质点粒子,必然受到湍流随机场的作用,因此这种标记粒子的轨迹也表现出时空的随机性,故称随机粒子。用众多粒子代表污染物烟云的扩散,要求粒子数量足够大,因此模拟的计算量也会很大。实际应用中有时会将粒子模式与烟团模式的优点相结合,达到节省计算的目的。

应该说明,欧拉和拉格朗日方法研究扩散问题都是自然的,只不过各自有其优缺点。三维欧拉模式是现有扩散模拟和空气质量模式的主流,应用广泛。其主要缺点,一是扩散模型存在湍流闭合问题,这也是所有湍流研究与应用的共同问题。二是存在数值耗散,这是数值计算技术问题。不恰当的数值格式可以使模拟的污染扩散过程完全面目全非,如图 4.16。三是,欧拉网格模式还存在计算不稳定问题,即,小的数值扰动在计算过程中不断放大,最后数值溢出,计算过程崩溃。四是,现有欧拉模式涉及过程多,整体复杂庞大,了解其原理和应用操作都需要付出很大的努力。相对而言,拉格朗日粒子扩散模式不存在上述前三方面的问题,模拟扩散过程天然具有质量保守性,同时原理也相对简单,容易实现。其缺点是,应用于单个或少数几个排放源较好,不太适合模拟众多排放源的情况。另外对扩散过程中发生的化学转化等效应的处理也不方便。这些都限制了它的应用场景。

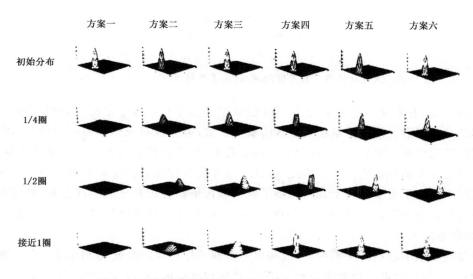

图 4.16　数值耗散实例(引自 Hanna et al. , 1982)

(六种不同的计算格式模拟一个锥形分布的浓度"山丘"在环形流场中绕行一周的模拟效果。只有平流,没有扩散。理想情况下"山丘"应该绕行一周回到原处。现有结果有两个问题,一是山丘失真变低,甚至完全消失,如第一列(方案一)的结果,这就是数值耗散。二是山丘移动没有准确返回原处,即产生位相误差。后面几列的计算方案保真性较好,但多少有些位相误差。)

(2)"随机游走"方法名称与简史

大气扩散的随机粒子模拟方法有很多其他称呼,其中最有影响的也许是"随机游走"方法(random walk),另一个广为使用的名字叫蒙特卡洛方法(Monte Carlo),其他还有朗之万方程(Langevin equation)法,马尔可夫链(Markov chains)过程模拟等等。不同的名称都突出了研究对象的随机过程特性。事实上,随机粒子模拟的原始想法可以追溯到爱因斯坦(1905)对布朗运动(分子扩散)的研究。其后 G. I. Taylor(1921)沿着这一思路在大气扩散统计理论中获得重要进展。限于当时的计算能力,粒子扩散模拟的想法无法实现。随着 1960—1970 年代计算机能力的提高,这一思路又重新激活,大量研究涌现。

4.5.2　随机粒子模拟基本原理

在讨论随机粒子模拟的原理之前,先回忆统计理论中的理想化大气扩散试验,"将问题抽象化为:一个连续定常释放的点源,源强为 Q,处于均匀、定常的风场中,平均风速为 U,只考虑与平均风垂直方向的湍流脉动 v',源释放物质随湍流作用而扩散,形成连续、定常的烟流或烟云,求该烟流在三维空间形成的浓度分布 $c(x, y, z)$"。对这样一个扩散问题,Taylor 采用拉格朗日方法作进一步分析:用被动质点粒子代表扩散物质,考察粒子在湍流随机场中的位置变化(轨迹)。最后 Taylor 成功地把扩散问题转化为求这些粒子空间分布的概率统计问题(图 4.17),并推导出 Taylor 公式。

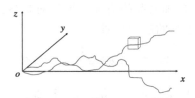

图 4.17　从统计的观点看扩散问题,就是求条件概率 $p(x, y, z, t | x_0, y_0, z_0, t_0)$

需要指出,有重要理论意义的 Taylor 公式只给出了扩散粒子空间分布的方差,而没有给出具体的分布函数。该方差虽然是扩散的重要参量,但并没有完全描述扩散性质,即,不能给出浓度的空间分布。而且,Taylor 公式是在定常流动、平稳均匀湍流的严格条件下导出的,实际大气通常并不满足这些条件。因此,统计理论并没有完全解决实际扩散问题。但统计理论的分析过程给出了重要的启示,即,只要了解这些污染物标记粒子的空间分布(概率分布),就可以导出污染物浓度的空间分布。因此,扩散的随机粒子模拟就与粒子的空间位置统计(概率)密切联系起来。

为实现扩散的随机粒子模拟,一般按以下步骤并作相应的假设:①用被动"质点"粒子标记扩散物质;②获得接近统计真实的湍流场,以及平均流动场(风场);③假设粒子无相互作用;④大量释放粒子,计算随机运动轨迹,反复取样;⑤统计粒子位置,获得粒子空间分布的统计结果;⑥根据粒子释放的条件(粒子释放源强)和粒子空间分布,计算粒子的空间分布概率;⑦由实际污染源强与粒子释放源强的关系,根据粒子的空间分布概率换算浓度的空间分布。以下介绍粒子随机运动的具体计算原理。

> 随机粒子模拟的核心思想是:用标记粒子的释放源—粒子分布关系,推算实际源—浓度关系。

首先考虑简化的随机运动,仅为 z 方向的一维情况。已知粒子 t 时刻的位置和速度 $(z(t), w'(t))$,求其下一时步 $t + \Delta t$ 的位置和速度 $(z(t + \Delta t), w'(t + \Delta t))$。

对位置而言,直接写为:

$$z(t + \Delta t) = z(t) + w'(t)\Delta t \tag{4.89}$$

对下一时步的随机速度,可按以下朗之万方程描述:

$$w'(t + \Delta t) = R(\Delta t)w'(t) + \mu \tag{4.90}$$

式中，w' 是湍流速度（因为粒子是被动的，所以也是粒子的速度）；R 是拉格朗日相关系数，是关于 Δt 的统计常数；μ 是一个随机速度；Δt 是当前时刻与下一时刻间的时间步长。该方程的意义是：粒子在湍流随机场中运动，其下一时刻的速度与当前速度有关，相关系数是 R，同时由于其所处湍流场的随机涨落，会获得一个随机速度 μ。这样一个与前一步或前数步有关、相关性随时间增加而逐渐减弱消失的随机过程又称马尔可夫过程或马尔可夫链。显然，相关系数 R 和随机速度 μ 都由湍流速度 w' 的性质决定。理想情况下，如果知道随机速度 μ 的概率密度函数，就可以按照该函数规定的分布进行随机抽样，获得下一时步的随机速度（参见图 4.18 示例，图 4.18 中以随机变量 w' 为例）。

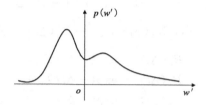

图 4.18　速度 w' 概率密度函数示例
（随机速度 w' 的概率密度函数为 $p(w')$，意思是 w' 在这一（横轴）范围内随机出现，
但 $p(w')$ 规定了 w' 出现的概率）

实际应用中，一般并不知道随机速度 μ 的概率密度函数，只知道它的一些统计特征值，如 1 阶、2 阶统计矩。以下看看如何由湍流速度 w' 的性质推导 μ 的性质。因为湍流速度 w' 是可观测量，其统计性质可认为已知，如，1 阶统计平均 $\overline{w'} = 0$。据此对（4.90）式两边进行平均操作，有：

$$\overline{w'}(t + \Delta t) = R(\Delta t)\,\overline{w'}(t) + \overline{\mu} \tag{4.91}$$

由于 $\overline{w'}(t) = 0$，$\overline{w'}(t + \Delta t) = 0$，故知：

$$\overline{\mu} = 0 \tag{4.92}$$

类似地，湍流 2 阶统计矩为 $\overline{w'^2} = \sigma_w^2$。据此对（4.90）式两边平方后进行平均操作，有：

$$\overline{w'^2}(t + \Delta t) = \overline{[R(\Delta t)w'(t) + \mu]^2} = R^2(\Delta t)\,\overline{w'^2}(t) + \overline{\mu^2} + 2R(\Delta t)\,\overline{w'(t) \cdot \mu} \tag{4.93}$$

式（4.93）中，一般认为湍流速度 w' 与随机速度 μ 各自是独立的随机量，二者不相关，即 $\overline{w'(t) \cdot \mu} = 0$。又因为 $\overline{w'^2}(t) = \overline{w'^2}(t + \Delta t) = \sigma_w^2$，故式（4.93）整理为：

$$\overline{\mu^2} = [1 - R^2(\Delta t)]\sigma_w^2 \tag{4.94}$$

由此，我们可知随机速度 μ 的均值和方差。如果进一步假设该随机速度的概率密度函数具有高斯分布的形状，则由此均值和方差就可完全确定该函数。

［复习：高斯函数的基本形状是相同的，具体形状由均值和方差决定。］
［一般情况下，速度的概率密度函数并不一定是正态分布的，如图 4.18］

知道了随机速度 μ 和相关系数 R，由（4.90）式就可以计算下一个时步的速度。以此类推，粒子的运动轨迹可以一步步计算下去。这就形成了一个最简单的随机游走模式。实际应用中，相关系数通常取幂函数形式：

$$R(\Delta t) = \mathrm{e}^{-\Delta t / T_\mathrm{L}} \tag{4.95}$$

式中，T_L 是拉格朗日时间积分尺度。严格来说，上述幂函数形式的相关系数与实际情况并不符合,因为实际相关系数的导数在 0 附近一般为 0,但幂函数是单调减小的。这在随机粒子模拟的理论研究中有探讨的余地,但在实际应用中一般认为更重要的参量是 T_L,相关系数函数形式的影响在其次。而且上述幂函数形式使用十分方便,已得到广泛应用。

简单地将一维随机运动推广到三维空间,有:

$$\mathrm{d}x/\mathrm{d}t = U + u' \tag{4.96}$$

$$\mathrm{d}y/\mathrm{d}t = V + v' \tag{4.97}$$

$$\mathrm{d}z/\mathrm{d}t = W + w' \tag{4.98}$$

$$u'(t+\Delta t) = u'(t)R_u(\Delta t) + [1 - R_u^2(\Delta t)]^{1/2}\sigma_u\Gamma_1 \tag{4.99}$$

$$v'(t+\Delta t) = v'(t)R_v(\Delta t) + [1 - R_v^2(\Delta t)]^{1/2}\sigma_v\Gamma_2 \tag{4.100}$$

$$w'(t+\Delta t) = w'(t)R_w(\Delta t) + [1 - R_w^2(\Delta t)]^{1/2}\sigma_w\Gamma_3 + \Delta t\,\frac{\mathrm{d}\sigma_w^2}{\mathrm{d}z} \tag{4.101}$$

$$R_u(\Delta t) = \exp(-\Delta t/T_{Lu}) \tag{4.102}$$

$$R_v(\Delta t) = \exp(-\Delta t/T_{Lv}) \tag{4.103}$$

$$R_w(\Delta t) = \exp(-\Delta t/T_{Lw}) \tag{4.104}$$

式中,(x,y,z) 是直角坐标的三个分量,(U,V,W) 是平均速度,(u',v',w') 是湍流脉动速度,(R_u,R_v,R_w) 是相关系数,(T_{Lu},T_{Lv},T_{Lw}) 是格朗日时间积分尺度,$(\sigma_u,\sigma_v,\sigma_w)$ 是湍流速度标准差,$(\Gamma_1,\Gamma_2,\Gamma_3)$ 是三个服从正态分布的随机数。上述方程是一维情况的简单推广,未考虑不同方向湍流量的互相关(如 $\overline{u'w'} \neq 0$)。另外垂直速度方程中多了一个附加项。以下详细说明这些情况。

首先注意,上述公式中 (x,y,z) 直角坐标系取 x 方向与平均风向一致,y 方向与之垂直。因此严格说来有 $V \equiv 0$。这也是所有湍流分析中取的坐标系。对上述(4.96—4.98)微分方程进行差分化,写为:

$$[x(t+\Delta t) - x(t)]/\Delta t = U + u' \tag{4.105}$$

$$[y(t+\Delta t) - y(t)]/\Delta t = V + v' \tag{4.106}$$

$$[z(t+\Delta t) - z(t)]/\Delta t = W + w' \tag{4.107}$$

由此可实现下一时步粒子三维空间位置的计算。

另外,方程(4.99—4.101)中引入三个随机数是实现粒子"随机"运动的关键。所谓随机数实际上是一个数值序列,其出现的概率服从一定的函数分布。两种最常见的随机数是,第一,$(0,1)$ 之间均匀分布的随机数;第二,均值为 0、方差为 1 的"标准正态分布"随机数,一般记作 $N(0,1)$。以 x 方向速度分量为例,由前述讨论我们已知随机速度 μ_1 的均值为 0,标准差为 $[1 - R_u^2(\Delta t)]^{1/2}\sigma_u$,并已假设其概率密度函数是高斯分布。因此可以将其随机变化的性质用一个标准正态分布的随机数 Γ_1 来表达,而实际随机速度正好是其标准差与该随机数的乘积,即 $\mu_1 = [1 - R_u^2(\Delta t)]^{1/2}\sigma_u\Gamma_1$。由于随机数每次会从其数值序列中顺序抽取一个值,从而赋予所计算的粒子在下一时步的一个"随机"速度 μ_1。这也就是实现了一次随机抽样。

[随机数与伪随机数]随机数可以从热噪声一类的场景提取。这类真实的随机数,它的一个数值系列与下一次产生的序列是不同的。另一种是由计算机程序产生的随机数,它们具有随机数类似的表现,但两次计算可以产生相同的数值序列,称伪随机数。

　　可以认为,上述方程(4.96)—(4.104)包含了随机粒子模拟最基本的思想和实现途径。但这些方程实际上做了很多简化,例如假设湍流速度分量是相互独立的,不考虑其相关性。另一方面模型显得粗糙的是,垂直速度方程中人为添加了一个附加项 $\Delta t\ \dfrac{\mathrm{d}\sigma_w^2}{\mathrm{d}z}$,也叫漂移项,是用来纠正粒子扩散模拟中一种伪物理积聚现象的。早年随机粒子模拟中发现,计算的粒子有向湍流强度小的区域积聚的趋势。这种情况在垂直方向最明显,因为湍流速度标准差在地面附近是随高度降低而减小的。这使大量模拟粒子积聚到地面,获得地面高浓度的假象。这种粒子积聚不是真实的物理过程,故称其为"伪物理现象"。图 4.19 显示了这种伪积聚过程的原因。图中湍流速度标准差随高度增加。一个被动粒子在这样的湍流场中运动,在低处被赋予较小的随机速度,在高处被赋予较大的随机速度。而上述粒子计算处理中,随机速度取正值和负值的概率相同(因为随机速度服从高斯分布,且均值为 0),这样就使模拟的粒子总体具有下沉聚积到地面的趋势。垂直速度方程中的附加项就是为了纠正这一非物理或伪物理现象的。显然这是一种经验修正方法。伪物理现象的根源是上述粒子模式的过度简化处理造成的。这也是早期随机粒子模式的缺点。

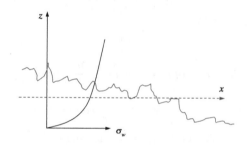

图 4.19　伪积聚现象示意:粒子轨迹具有下沉趋势

4.5.3　拉格朗日随机粒子模拟

　　把早期随机粒子模拟方法从某种简单粗放、带有经验性甚至任意性的状态引入确定的理论框架的是 Thomson(1987)。Thomson 的工作主要在两个方面,一方面是针对粒子模拟的小时间步长所反映的小尺度湍流运动,引入了科尔莫哥罗夫湍流相似性约束;另一方面,针对早期粒子模式的伪积聚现象,引入了浓度扩散的充分混合约束和拉格朗日-欧拉统计一致性原理。这些工作成果对后来的粒子模拟研究影响巨大,甚至改变了早期常用的"随机游走"这一名称,而采用拉格朗日随机粒子模拟这一新名称(Lagrangian stochastic model,常缩写为 LS model)。以下简单介绍 Thomson 的研究结果。

　　首先,Thomson 将随机粒子运动问题放在随机微分方程的数学框架下加以描述。取随机矢量 X 代表三维空间位置,粒子的随机移动可由其描述。描述 X 变化的 0 阶随机微分方程写为:

$$\mathrm{d}X = a\mathrm{d}t + b\mathrm{d}\zeta \tag{4.108}$$

式中,a 和 b 为系数,$\mathrm{d}\zeta$ 是一个随机变量,反映粒子的随机运动性质。0 阶随机微分方程直接反映粒子位移与时间步长 $\mathrm{d}t$、随机扰动 $\mathrm{d}\zeta$ 的关系。描述 X 变化的 1 阶随机微分方程引入另一个随机矢量 U 代表速度[$U = U_i = (u,v,w)$],由此有以下方程组:

$$dU_i = a_i dt + b_{ij} d\zeta_j \tag{4.109}$$

$$dX = U dt \tag{4.110}$$

式中,粒子的随机位移是由随机变化的速度造成的,而速度的随机变化由时间步长 dt 和随机扰动 $d\zeta$ 决定。式中 a 和 b 同样为系数。下标 i 和 $j=1,2,3$ 表示直角坐标的 3 个方向。如果用 2 阶随机微分方程描述粒子运动,则引入随机矢量 A 代表加速度,写出以下方程组:

$$dA_i = a_i dt + b_{ij} d\zeta_j \tag{4.111}$$

$$dU = A dt \tag{4.112}$$

$$dX = U dt \tag{4.113}$$

显然,此处粒子随机加速度的变化由时间步长 dt 和随机扰动 $d\zeta$ 决定。随机加速度则决定速度和位移的变化。实际应用中通常采用 1 阶随机微分方程,它与前面介绍的朗之万方程本质上相同,见下面的推导。

一阶随机微分方程与朗之万方程的关系,对一维情况的简单推导如下。

$$dw = w(t + dt) - w(t)$$

$$= a_3 dt + b_{3j} d\zeta_j \quad (\text{令 } a_3 = \frac{w(t)}{\tau}, \mu = b_{3j} d\zeta_j) \tag{4.114}$$

$$= -\frac{dt}{\tau} w(t) + \mu$$

$$\therefore w(t + dt) = \left[w(t) - \frac{dt}{\tau} w(t) \right] + \mu$$

$$= (1 - \frac{dt}{\tau}) w(t) + \mu \tag{4.115}$$

$$\therefore w(t + dt) = R(dt) w(t) + \mu \tag{4.116}$$

可见,一阶随机微分方程可以看作是一种特殊形式的朗之万方程,其相关系数是时间步长 dt 的线性函数,即 $R(dt) = 1 - \frac{dt}{\tau}$。其中 τ 是一个湍流时间尺度,可以认为与拉格朗日时间积分尺度相同。

Thomson 对一阶随机微分方程描述的速度变化(4.109)运用湍流惯性副区理论(或称科尔莫哥罗夫相似性),认为随机速度 $\mu = b_{ij} d\zeta_j$ 应该仅为湍流动能耗散率 ε 的函数。从量纲分析可知:

$$b_{ij} = (C_0 \varepsilon)^{1/2} \delta_{ij} \tag{4.117}$$

而 $d\zeta_j$ 是一个标准差为 $(dt)^{1/2}$ 的正态分布随机数。上式中 C_0 是一个实验常数,一般取 3.0。其中 δ_{ij} 函数取为:

$$\delta_{ij} = \begin{cases} 1 & (i = j) \\ 0 & (\text{其他}) \end{cases} \tag{4.118}$$

对二阶张量 b_{ij} 来说,(4.117)是各向同性湍流惯性副区的结果。确定系数 b_{ij} 相对简单。

系数 a_i 的推导用到了粒子扩散或浓度分布的充分混合约束。也就是说,在湍流场中浓度将趋于均匀分布,不论湍流场是否空间均匀。这一约束条件自然消除了早期随机游走模式的伪积聚现象。Thomson 由此约束推导出系数 $a_i = (a_u, a_v, a_w)$ 应该满足 Fokker-Planck 方程:

$$\frac{\partial p_E}{\partial t} + u \frac{\partial p_E}{\partial x} + v \frac{\partial p_E}{\partial y} + w \frac{\partial p_E}{\partial z} + \frac{\partial \varphi_u}{\partial u} + \frac{\partial \varphi_v}{\partial v} + \frac{\partial \varphi_w}{\partial w} = 0 \tag{4.119}$$

式中
$$\varphi_u = a_u p_E - \frac{C_0 \varepsilon}{2} \frac{\partial p_E}{\partial u}; \varphi_v = a_v p_E - \frac{C_0 \varepsilon}{2} \frac{\partial p_E}{\partial v}; \varphi_w = a_w p_E - \frac{C_0 \varepsilon}{2} \frac{\partial p_E}{\partial w};$$

式中，p_E 是欧拉湍流速度场的概率密度函数。原则上，$p_E = p_E(u,v,w,x,y,z,t)$，是速度场和时-空场的函数。方程推导中用到了拉格朗日-欧拉统计一致性原则，即假设扩散的拉格朗日速度概率密度与欧拉湍流速度场的概率密度等效。该方程形式很复杂，求解方程需要知道 p_E 的函数形式。最重要的是，该方程并不能获得唯一的解。因此实用中需要增加其他假设条件才能运用该方程。不过 Thomson 给出了一个特例解，即对于一维运动，且假设 p_E 服从正态分布函数，则有唯一解为：

$$a_u = -\frac{C_0 \varepsilon}{2\sigma_u^2} u \tag{4.120}$$

这也可以认为是均匀各向同性湍流场中的解，因为均匀各向同性湍流可以看作是一维的（各方向统计结果相同）。

　　Thomson 的工作从理论上克服了早期随机游走模式的伪物理积聚缺陷，是随机粒子模拟方法研究中的标志性成果。但该方法对湍流场的描述提出了更高的要求，需要湍流动能耗散率 ε 和湍流速度的概率密度函数 p_E 作为输入参数。这些参量在实际应用中并不能直接获得，因此通常的做法是，利用可获取的湍流性质参量，如湍流速度方差、时间积分尺度等，以参数化方法进一步构建 ε 和 p_E 与这些参量的经验关系，再进行适当的简化以适应实际应用的需求。

4.5.4　随机粒子模拟的浓度计算

　　如前所述，随机粒子模拟是用粒子释放源-粒子分布的概率关系类比于实际污染源-浓度分布的关系，从而计算出扩散的浓度。所以随机粒子模拟总是与概率统计相联系。

　　对粒子空间分布的统计，最直观常用的是按空间网格计算。各网格的粒子数与释放的总粒子数之比就构成粒子扩散的基本概率分布关系。当然对不同的实际情况，统计的方式也有所不同。需要考虑的主要有：①统计的网格大小问题；②释放的粒子总数问题；③源排放特点问题（连续源、瞬时源）；④流场非均匀、非定常问题，等等。

　　按网格统计粒子分布，分辨率需适中。由于粒子离散存在于三维空间中，如果统计的网格过小，单个网格内的粒子数太少，就不具有统计代表性。这是随机粒子模拟遇到的基本问题。所以模拟的浓度场分辨率不可能太高。当然这又和模拟释放的粒子总数有关。增加粒子总数可以改善浓度模拟精度，但会直接增加模拟计算成本（计算量）。因此实际应用中需要进行数值实验，找到统计网格、总粒子数、计算量之间的折中平衡点。

　　对瞬时源的模拟最简单，用 N 个粒子代表源强 Q（总排放质量），模拟所有粒子在空间的分布随时间的变化，也就获得浓度随时间的变化。计算 j 时刻 i 位置的浓度 c_{ij}，有公式：

$$c_{ij} = \frac{n_{ij} Q}{N \Delta V_i} \tag{4.121}$$

式中，n_{ij} 是 j 时刻在 i 位置的网格体积 ΔV_i 内的粒子数。实际应用中一般会求一定平均时间的浓度，如 10 分钟平均或小时平均。当然可对上述多个时刻的粒子分布场进行平均求得所需结果。但实际操作中更有利的是统计所有进入该网格的粒子、计算它们在网格中停留的总时间。于是浓度的计算公式变为：

$$\overline{c_{ij}} = \frac{Q t_{ij}}{N \tau \Delta V_i} \tag{4.122}$$

式中，τ 是浓度平均时间长度，t_{ij} 是以 j 时刻为中心的（$\pm\frac{\tau}{2}$）时段内粒子进入并停留在该网格内的总时间。显然，式（4.121）中 n_{ij}/N 和（4.122）中的 $t_{ij}/(N\tau)$ 都反映粒子扩散的概率。但用停留时间可以更好地反映大气运动的非定常性和非均匀性变化的影响。

对连续源的情况，按照瞬时源的粒子数统计方法（4.121）可类似地计算浓度。但此时 Q 为连续源的源强（污染物质量/单位时间）、N 为对应的粒子释放速率（粒子数/单位时间），因此 Q/N 仍然是一个粒子所代表的污染物质量。

> [问题] 连续源如何用滞留时间来统计浓度？

用空间网格划分、统计粒子数的方法计算浓度（图 4.20），有 3 个问题。一是网格分辨率不能太高，二是烟云的边缘处粒子数自然较少，三是特定关心点处的浓度，计算准确性受网格分辨率影响。为了克服这些困难，在浓度统计中引入核函数（kernel function）方法。设 i 粒子代表的污染物质量和其空间位置为 m_i 和 r_i。用核函数方法，空间位置 r 处的浓度为：

$$c(\boldsymbol{r},t)=\frac{A(\boldsymbol{r})}{\ell^3}\sum_i m_i K(\boldsymbol{r}_i-\boldsymbol{r},\ell) \tag{4.123}$$

式中，K 为核函数；ℓ 为核函数或烟团的特征尺度，原则上由粒子的空间分布密度决定。$A(\boldsymbol{r})$ 为近边界处的浓度修正因子，对无边界的情况有 $A(\boldsymbol{r})\equiv1$。取高斯函数形式的核函数，且其特征尺度（标准差）为 ℓ，有：

$$K(\boldsymbol{r}_i-\boldsymbol{r},\ell)=\frac{1}{(2\pi)^{3/2}}\exp(-\frac{|\boldsymbol{r}_i-\boldsymbol{r}|^2}{2\ell^2}) \tag{4.124}$$

这样，核函数的浓度计算就十分类似于高斯烟团公式（Zannetti，1990）。

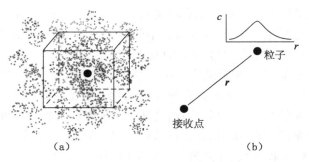

图 4.20　网格粒子统计和核函数方法计算浓度原理示意
（a）统计网格内的粒子数，获网格平均浓度。网格外的粒子与本网格浓度无关；
（b）计算接收点的浓度。粒子与接收点相距为 r，粒子对接收点的影响是距离的函数（核函数）

核函数方法可以直接计算特定点位的浓度，不需网格平均，这是它的一个重要特点。网格方法统计浓度时，单个粒子只代表一个空间点。但核函数方法克服了这样一个缺点，认为每个粒子有一定的空间影响范围。这可以大大节省释放的粒子数，也使计算出来的浓度场变得较为平滑连续。因此核函数方法对浓度计算是很有用的。需要注意的是，核函数或烟团的特征尺度 ℓ 是随机粒子空间分布密度的函数，不应与高斯烟团模式的扩散参数混淆。

随机粒子扩散模式总需要与某种气象模式结合，以反映真实大气的扩散情况。比如大气

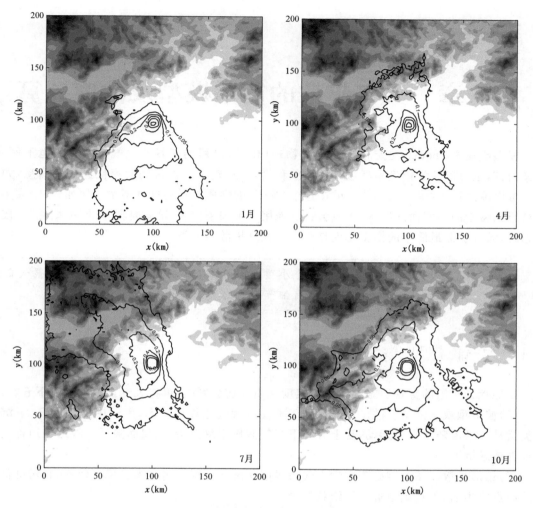

图 4.21　北京城区排放污染物的月平均扩散模拟结果(相对浓度分布)

(引自郭昱 等,2002)

边界层风场诊断模式,边界层大涡模式,或者中尺度气象模式。图 4.13 是随机粒子模式结合不稳定边界层大涡模式模拟的大气扩散示例,反映边界层内不同源高对扩散形态的影响。这些例子重复或验证了 Deardorff 和 Lamb 等人早年的水槽实验和数值模拟结果。图 4.21 是随机粒子模式结合风场诊断模式模拟的结果示例,反映了北京城区污染物长时间排放的月平均扩散分布及其四季变化。

第 5 章　大气扩散的简单模型及浓度计算

模型或模式（model）是定量描述现实物理（化学）过程的工具。大气扩散过程也不例外。广义而言，也可以认为模型是经过某种抽象和简化的"模子"，以帮助大家快速处理信息：如果事物可以装进这个"模子"，那我们就按这个"模子"的性质来描述这件事物。比如，一个成年人如果想到树干的横截面的形状，大概会自然地用一个圆来代表，这就是典型的"模型化"。按这个思路，大气扩散最简单的模型化就是所谓的大气扩散型分类。

> **[模型化]** 一个小孩被问到树干横截面的形状，他可能会很认真地给你画出所有细节。他的大脑还没有"模型化"。

5.1　大气扩散型分类

按照烟云扩散的直观形态和大气稳定度性质的初级判断，可将大气扩散分为以下五类：

（1）波浪型或悬链型扩散。该类型处于不稳定大气边界层状态，大气中充满上升、下沉的对流运动。烟流随水平风运动，受上升和下沉气流作用忽而抬高、忽而降低。故形象地称之为波浪型或悬链型。

（2）锥形扩散。该类型处于中性大气边界层状态。大气中湍流涡旋尺度较均匀，污染物烟云从源点排出后，很规则地近似按锥状扩展。

（3）扇形扩散。处于稳定大气边界层或强逆温层中。湍流的垂直运动受到强烈抑制，垂直扩散极小。但水平方向风向的摆动仍然较大。这使烟云形成一个高浓度薄层，水平方向张开，像一把扇子，故有此名。

（4）屋脊型扩散。在烟流下方是稳定大气层，上方是不稳定的。这使烟流可以向上正常扩散，但向下的扩散受到严重抑制，如同被屋顶架住，故有此名。

（5）熏烟型扩散。与屋脊型扩散正好相反，这类扩散的烟流处于地面薄层不稳定大气中，其上受强稳定层（或逆稳层）覆盖。由于不稳定层内大气混合强烈，高层污染物混合到地面。同时上部稳定层覆盖又限制了污染物向上扩散，使污染物在地面附近薄层内形成高浓度，称为熏烟（fumigation）。

各类扩散型常用图 5.1 示意说明。图中一侧画出了各类型的温度廓线，并与干绝热减温率比较，作为判断大气稳定度状态的参考。

从各扩散型的烟云图像可见，一般情况下污染物浓度总是时空变化的。实际应用中，往往最关心地面浓度。毕竟人类绝大部分时间都在地表附近生活。在对扩散问题模型化的过程中，经常用到 2 种特殊条件，这就是时间上的定常和空间上的均匀条件。也就是说浓度随时间或空间不变。这样会使问题大大简化。当然空间上有 3 个方向,有时只用到一个方向均匀分布的条件。

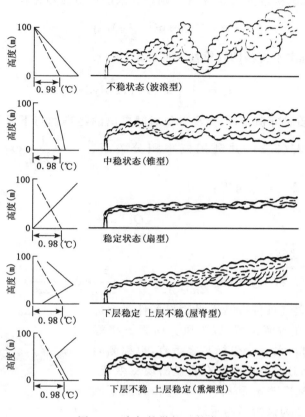

图 5.1　大气扩散烟云的类型

(引自 Seinfeld,1986)

5.2　大气扩散的高斯模式

按不同的参考系,大气扩散模式总体可分为欧拉模式和拉格朗日模式。高斯模式也有欧拉模式和拉格朗日模式,如高斯烟流模式和拉格朗日高斯烟团模式。首先,高斯模式的共同特点是,假设烟云浓度的分布(形状)服从高斯函数。从湍流扩散的随机性质而言,烟云的长期平均浓度的确是符合高斯分布的。从菲克扩散的解析解也可看到,烟云浓度具有高斯分布形式。而高斯函数具有简单、实用的特点。对一维高斯分布,只需均值和方差就可完全定义一个高斯函数。这对实际应用而言是有利的。高斯模式典型的应用是针对点源条件。不过对线源和面源,高斯模式也有一些推广处理,这将在后面介绍。

(1)连续点源平直烟流高斯公式的导出

首先假设一个点源连续定常排放的情况,源强为 Q。大气的条件为:①风场水平均匀、平直、定常,平均风速为 $\bar{u}$;②湍流均匀、平稳。这实际上是时间和空间(水平)都保持湍流性质不变的条件。该条件下扩散烟云在水平方向随平均风传输,侧向和垂直方向受湍流作用而扩展,从而在空间形成一个定常的浓度分布形态。如果进一步假设侧向和垂直方向的浓度分布为高斯函数形式,其均值为 0,标准差为 σ_y 和 σ_z,则烟云浓度可直接写为:

$$\bar{c}(x,y,z) = A\exp(-\frac{y^2}{2\sigma_y^2})\exp(-\frac{z^2}{2\sigma_z^2}) \tag{5.1}$$

式中,系数 A 可由烟流水平传输的连续性条件确定,即:

$$Q = \int_{-\infty}^{\infty}\int_{-\infty}^{\infty} \bar{u}\bar{c}(x,y,z)\mathrm{d}y\mathrm{d}z \tag{5.2}$$

这实际是烟流传输的质量守恒条件:点源单位时间排出的污染物与下风横截面上的污染物通量相等。将(5.1)代入(5.2),并利用概率积分关系 $\int_{-\infty}^{\infty} \frac{1}{\sqrt{2\pi}\sigma_y}\exp(-\frac{y^2}{2\sigma_y^2})\mathrm{d}y = 1$,和 $\int_{-\infty}^{\infty} \frac{1}{\sqrt{2\pi}\sigma_z}\exp(-\frac{z^2}{2\sigma_z^2})\mathrm{d}z = 1$,可得:

$$A = \frac{Q}{2\pi \bar{u}\sigma_y\sigma_z} \tag{5.3}$$

因此,平直高斯烟流公式写为:

$$\bar{c}(x,y,z) = \frac{Q}{2\pi \bar{u}\sigma_y\sigma_z}\exp(-\frac{y^2}{2\sigma_y^2})\exp(-\frac{z^2}{2\sigma_z^2}) \tag{5.4}$$

这一公式适合于无界大气条件(即,不受边界条件影响)。同时注意其坐标原点在点源位置,以下风方向为 x 坐标(即平均风速 $\bar{u}$ 的方向),水平 y 坐标与之垂直,也称侧向或横风方向(cross wind)。公式中没有明显出现 x 变量,但它实际隐含在扩散标准差 σ_y 和 σ_z 中,即 σ_y 和 σ_z 是下风距离 x 的函数。图 5.2 为该情形的示意。

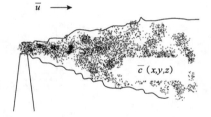

图 5.2　无界平直烟流扩散示意

上述公式应用到实际大气,一个最基本的约束就是地面边界条件。烟云扩散到地面后,将以某种方式返回大气继续扩散。通常把这种作用看作是地面的"反射"。因此可借鉴镜面反射的原理,假设有一个"虚源"处于实际点源与地面的镜像对称位置,源强相同,实际扩散结果是实际源与虚源作用的叠加,如图 5.3。考虑地面限制条件后的平直烟流公式为:

$$\bar{c}(x,y,z) = \frac{Q}{2\pi \bar{u}\sigma_y\sigma_z}\exp(-\frac{y^2}{2\sigma_y^2})\{\exp[-\frac{(z-h)^2}{2\sigma_z^2}] + \alpha\exp[-\frac{(z+h)^2}{2\sigma_z^2}]\} \tag{5.5}$$

式中,y 方向的高斯分布形态不变,z 方向增加了虚源的作用,为公式大括号中的第二项。注意公式的坐标原点设在点源的地面处,这样实源和虚源的垂直位置则为 $z = h$ 和 $z = -h$。h 为源高。另外,虚源的作用项前加了一个系数 α,其值一般在 0 和 1 之间,即 $\alpha \in (0,1)$。$\alpha = 0$ 表示地面对烟云全吸收,而 $\alpha = 1$ 表示地面全反射。实际大气中,污染物接触地面后总有一部分被地面吸收(沉积),余下部分重返大气,故 $0 < \alpha < 1$。

从烟流公式可以解读出这类典型扩散问题的几个基本概念。一是烟流轴线浓度 $\bar{c}(x,y=0,z=h)$,是烟流中心的浓度,随下风距离变化。烟流轴线是整个烟流中浓度最高的地方。二是地面浓度 $\bar{c}(x,y,z=0)$,这是空气质量问题中最关心的浓度。三是地面轴线浓度 $\bar{c}(x,y=0,z=0)$。对应于上空烟流轴线的正下方,这是地面浓度最大的地方。从公式中也可看

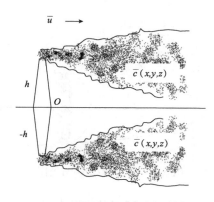

图 5.3　虚源反映地面对扩散的作用

出,烟云高度 h、侧向距离 y 都对浓度有影响。烟云的标准差 σ_y 和 σ_z 对浓度也有重要影响,有时将其称为 y 和 z 方向的扩散参数。公式中最后一项重要参数是风速,它对浓度的影响需要特别关注。从图 5.4 看出,水平风速直接决定了污染物离开源后的通风稀释。即使不考虑湍流扩散作用,污染物稀释的体积也会直接与风速成正比变化。风速增加(减小)一倍,稀释的体积也增加(减小)一倍。浓度当然也会成倍地减小(增加)。因此可以理解,大范围小风条件往往会导致污染物的累积、浓度快速升高。

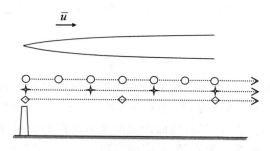

图 5.4　不同风速对烟流的稀释作用

(连续释放的粒子在风速为 1 m/s,2 m/s,3 m/s 时对应的空间位置)

　　需要说明的是,平直烟流公式(5.4)中没有考虑沿风速方向(x 轴)的湍流扩散(称为纵向扩散,见图 5.5),因此不包含标准差 σ_x。这实际上默认了一个假设,即水平风速远大于水平湍流速度,$\bar{u} \gg \sigma_u$,水平风速的通风效果也远大于纵向扩散的影响,从而将纵向扩散忽略不计。这使平直烟流公式的导出变得简单,但隐含的问题是,公式适用于风速较大的条件。对小风条件,公式估算的浓度将系统偏高。0 风速条件下公式无解。可见纵向扩散在小风条件下是重要的。小风条件的浓度要用其他修正方法估算。

　　从平直烟流公式(5.5)还可以导出一个概念,即所谓侧向积分浓度(cross wind integrated,CWI)。最有用的是地面侧向积分浓度,即:

$$\bar{c}_{\mathrm{CWI}} = \int_{-\infty}^{\infty} \bar{c}(x,y,z=0)\mathrm{d}y = \sqrt{\frac{2}{\pi}} \frac{Q}{u\sigma_z} \exp\left(-\frac{h^2}{2\sigma_z^2}\right) \tag{5.6}$$

公式中已假设地面全反射($\alpha = 1$)。可见地面侧向积分浓度与垂直扩散参数有简单的关系。

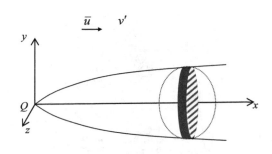

图 5.5　烟流元：烟饼与烟团

特别是对地面源排放，$h = 0$，在假设烟云正态分布的条件下，可以由地面侧向积分浓度直接估算垂直扩散参数 σ_z。这对实验测定 σ_z 是十分有用的。

前面几个概念都与污染的最大浓度有关，如轴线浓度等等。的确，一个污染源对环境造成的最大浓度是最关心的。特别是地面最大浓度，可以作为描述该污染源环境影响的特征尺度。以下从公式(5.5)，推导最大地面浓度及其出现的下风距离。

地面最大浓度一定出现在烟流的地面轴线上。全反射条件下地面轴线浓度为：

$$\bar{c}(x, y = 0, z = 0) = \frac{Q}{\pi \bar{u} \sigma_y \sigma_z} \exp(-\frac{h^2}{2\sigma_z^2}) \tag{5.7}$$

不失一般性，假设 $\sigma_y = 2\sigma_z$。令 $\partial \bar{C}/\partial \sigma_z = 0$，求浓度 $\bar{c}$ 相对于 σ_z 变化的极值。结果是，当 $\sigma_z^2 = h^2/2$ 时，浓度达到最大，为：

$$\bar{c}_{\max} = \frac{Q}{\pi \bar{u} h^2 e} \tag{5.8}$$

这一结果的定量意义不大，因为推导中作了一些假设。但可以看出，最大地面浓度与风速、源高的平方成反比。因此，源高增加为 $2h$，地面最大浓度降低为原来的 1/4。由于排放源高度是可以通过工业设计等人为方式改变的，地面最大浓度对源高的敏感性为增加排放源高度改善地面空气质量提供了理论依据。公式(5.8)中的常数 $e = 2.71828\cdots$，是自然对数的底。注意上述推导中把地面轴线浓度随下风距离的变化改为随扩散参数 σ_z 的变化。因为 σ_z 是 x 的单调函数，这一处理是可行的。当然，如果把 σ_y 和 σ_z 随 x 变化的实际函数形式代入公式(5.7)，那么通过 $\partial \bar{c}/\partial x = 0$，也可以求出最大地面浓度，定性结果类似，不过推导过程会变得很复杂。

5.3　高斯模式的参数

由公式(5.5)估算连续点源的浓度应该是最简单直接的。计算中需要的参数包括 $Q, \bar{u}$，σ_y, σ_z。这里排放源强 Q 认为是已知的。平均风速 $\bar{u}$ 应该使用烟囱高度的值，但一般气象观测的地面风速都是 10 m 高度的结果。实用中通常用经验公式将 10 m 风速外推到烟囱高度：

$$\bar{u}(z) = \bar{u}\big|_{z = 10\,\text{m}}(\frac{z}{10})^p \tag{5.9}$$

式中，指数 p 是经验常数，随地表粗糙度和大气稳定度变化。原则上大气稳定度用里查森数或奥布霍夫长度判定。不过早年流行过一套经验分类方法，将在后面介绍。地表粗糙度或空气动力学粗糙度可由观测确定，实用中常常根据地表覆盖情况加以判断。表 5.1 给出了常见地表覆盖类型与粗糙度 z_0 的关系。图 5.6 为所有已知地表类型的粗糙度数量概况。由地表粗糙度和稳定度分类,可以通过表 5.2 查获风速幂指数 p 的经验值。

> 严格说来,风速廓线 p 指数应该由塔层实际观测获得,地表粗糙度也应该由中性大气的对数风廓线规律确定。

表 5.1　地面粗糙度实用判定参考

z_0(m)	地表状况
~0.03	浅草覆盖的平坦草原、耕地或矮秆作物的农田,地形很平坦,上风向无障碍物
~0.10	地面覆盖情况同上,但地形有很微弱的起伏或在上风向和附近有零星的树木、房舍等;地形平坦的高秆作物农田
~0.30	地形稍有起伏的田野;城市近郊区
~1.00	无高层建筑的平原城市;平坦地形的森林

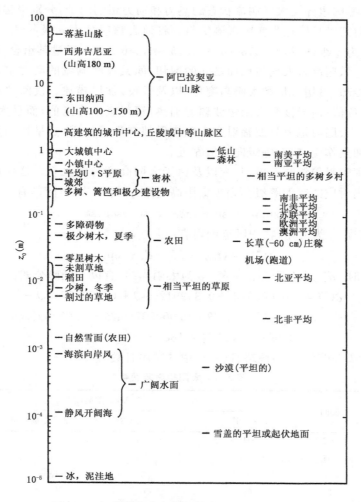

图 5.6　各种典型地表的粗糙度(引自 Stull,1988)

表 5.2　风速幂指数 p 与稳定度和地面粗糙度的关系

z_0(m)	稳定度					
	A	B	C	D	E	F
0.03	0.03	0.05	0.09	0.14	0.20	0.27
0.10	0.05	0.07	0.12	0.18	0.25	0.33
0.30	0.07	0.10	0.16	0.25	0.35	0.45
1.00	0.10	0.15	0.25	0.35	0.45	0.55

最后,我们看看扩散参数 σ_y 和 σ_z 的定量化。扩散参数是由实验观测获得的。由扩散的统计理论已知,扩散参数完全由湍流性质决定。对应不同的湍流状态,扩散参数也会不同。因此,有必要通过稳定度参数描述不同湍流状态的扩散参数特征。不过里查森数或奥布霍夫长度都需要湍流观测,在实际工作中难以推广应用。基于实际应用需求,有多种稳定度分类方法发展起来。其中影响最大的是 Pasquill-Gifford 分类(P-G 方法)。这是基于常规气象观测资料的分类方法。以下介绍这种分类方法。

首先,该方法考虑边界层大气湍流状态的热力和动力影响因子,分别由辐射强度和风速来表达。而这两方面都可具体化为实际观测资料。将地表辐射分为 6 级($-2,-1,0,+1,+2,+3$),地面风速分为 5 级($<2,2\sim3,3\sim4,4\sim5,5\sim6,>6$ m/s),通过其组合,可以确定 6 级不同的稳定度状态。风速反映大气与地面之间的剪切,间接反映湍流的动力生成作用。辐射反映地表的加热与冷却,可用云量和太阳高度角(以及日夜)加以描述。夜间地表长波辐射散失能量,辐射级别为负值;白天接受太阳短波辐射加热,辐射级别为正值,而且太阳高度角越大,辐射等级也越高。云层对地表长波辐射和太阳辐射都有阻碍作用,云量增加会减缓夜间辐射降温和白天太阳加热作用,辐射等级向 0 值靠近。

表 5.3 给出了辐射等级与云量、日夜以及白天太阳高度角的关系。这样用观测的云量资料就可由表中查出对应的辐射等级。表中太阳高度角 h_0 可用公式计算,有:

$$\sin h_0 = \sin\varphi\sin\delta + \cos\varphi\cos\delta\cos t \tag{5.10}$$

式中,φ 为地理纬度,t 为时角,在中国范围内有:

$$t(°) = (t_{BJT} \times 15 + d_x - 300) \tag{5.11}$$

式中,t_{BJT} 为北京时,d_x 为经度(°)。另外,δ 为太阳赤纬,有以下经验公式:

$$\delta(°) = [0.006918 - 0.399912\cos\theta + 0.070257\sin\theta -$$
$$0.006758\cos2\theta + 0.000907\sin2\theta - 0.002697\cos3\theta +$$
$$0.001480\sin3\theta] \times 180/\pi \tag{5.12}$$

式中,$\theta(°) = 360d_n/365$。d_n 为儒略日(一年中的顺序日数)。

表 5.3　太阳辐射等级数

总云量/低云量	夜间	白天:太阳高度角			
		$h_0<15°$	$15°<h_0<35°$	$35°<h_0<65°$	$h_0>65°$
$\leqslant4/\leqslant4$	-2	-1	$+1$	$+2$	$+3$
$5\sim7/\leqslant4$	-1	0	$+1$	$+2$	$+3$
$\geqslant8/\leqslant4$	0	0	0	$+1$	$+1$
$\geqslant7/5\sim7$	0	0	0	0	$+1$
$\geqslant8/\geqslant8$	0	0	0	0	0

有了辐射等级,就可以进一步由风速分级从表 5.4 查出稳定度。这就是 Pasquill-Gifford 稳定度分类。从表 5.4 中看出,稳定度共分 6 类,A,B,C,D,E,F。其中 A 为很不稳定,B 为不稳定,C 为弱不稳定,D 为中性,E 为稳定,F 为很稳定。

表 5.4　大气稳定度级别

地面风速 (m/s)	辐射等级数					
	+3	+2	+1	0	−1	−2
≤1.9	A	A~B	B	D	E	F
2~2.9	A~B	B	C	D	E	F
3~4.9	B	B~C	C	D	D	E
5~5.9	C	C~D	D	D	D	D
≥6	C	D	D	D	D	D

[太阳高度角公式的副产品:计算日出日落时间]

　太阳高度角在一天中是变化的,日出日落两次为 0,由此可计算每天的日出日落时间。图 5.7 是 2 个计算实例。

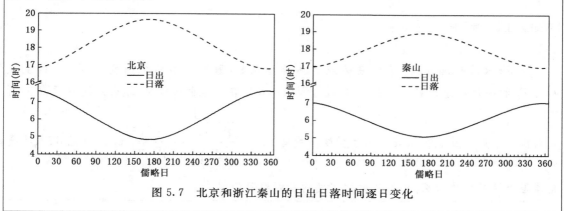

图 5.7　北京和浙江秦山的日出日落时间逐日变化

　P-G 稳定度分类在早期应用中大获成功,影响深远。从原理上说,该分类方法考虑了湍流的热力和动力影响因子,具有较好的理论基础。从应用上看,该方法只需使用气象台站的常规观测资料,方便实用,利于推广。因此该方法获得了广泛应用。不过要注意的是,P-G 稳定度是一种定性分类方法,所依据的资料对真实大气湍流状况的反映具有不确定性。应用中 D 类出现频率过多,这是该方法的一个特点。真实大气中 D 类中性稳定度类型应该出现较少(地面既无加热也无冷却),只有满天阴云(cloud overcast)而且风速较大的情况最符合要求。另外一般认为早、晚日夜转换时期的某些短暂时刻也可能会出现中性状态。

　除了 P-G 方法以外,还有不少其他稳定度分类方法,如辐射法、温度梯度法(dT 法)、风向标准差法(σ_φ 法)、dT/U 法和 dT/U² 法等。由于 P-G 法中辐射是由云量决定的,会带来较大的不确定性,因此辐射法中直接采用辐射观测值以减小这部分误差。这种方法相对于 P-G 法是有改进的。温度梯度法是用两个高度的温度差值大小判断稳定度状态,最早是美国一个研究机构有一个 100 m 的观测塔,可以方便地使用温度梯度观测资料,就提出了这种方法。一般用 100 m 和 10 m 或 100 m 和 30 m 的温度差作为判断标准。由于温度梯度仅代表大气的静力学稳定度特性,这种方法有一定的局限性。风向标准差法(σ_φ 法)依赖于特定的风向观测仪,可以较灵敏地记录风向的涨落变化角度,从而计算出其角度变化的标准差 σ_φ。由于 σ_φ 直接与湍流侧向速度标准差相关联($\sigma_v \approx \bar{u}\sigma_\varphi$,见图 5.8),可认为该指标反映了湍流动能的强弱。因此这一分类方法也较有优势。$\mathrm{d}T/U$ 法和 $\mathrm{d}T/U^2$ 都用到温度梯度和风速,包含了湍流的热力和动力两方面的影响,可以认为是对温度梯度法的改进,同时比 P-G 法的指标更为准确定量,是较理想的方法。仔细比较这两种方法,应该说 $\mathrm{d}T/U^2$ 法更接近于整体里查森(bulk Richardson)数,因此理论上更合理。图 5.9 和图 5.10 给出了稳定度分类结果统计实例,可见不同方法所得结果的差异还是很大的。

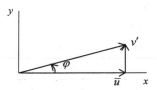

图 5.8　平均风速 $\bar{u}$、风向标准差 σ_φ 与侧向湍流速度 σ_v 的关系

[Richardson 数] $Ri = \dfrac{\dfrac{g}{\bar{\theta}} \dfrac{\partial \bar{\theta}}{\partial z}}{\left(\dfrac{\partial \bar{u}}{\partial z}\right)^2}$

[bulk Richardson 数]也叫总体或整体里查森数,原则上用两个高度 z_2 和 z_1 的温度 $\overline{T}_2$、$\overline{T}_1$ 和一层风速计算。一般 z_1 接近地面($z_1 \approx 0$),在近地面大气层,地表风速永远为 0,所以只需一个风速 $\bar{u}$ 就可以表示风速梯度。故有 $Ri_b = \dfrac{\dfrac{g}{\overline{T}_2} \dfrac{\Delta \overline{T}}{z_2}}{\left(\dfrac{\bar{u}}{z_2}\right)^2} = \dfrac{g}{\overline{T}_2} \dfrac{\Delta \overline{T}}{\bar{u}^2} z_2$。可见 $\mathrm{d}T/U^2$ 是整体里查森数的核心部分,可作为稳定度的良好经验指标。

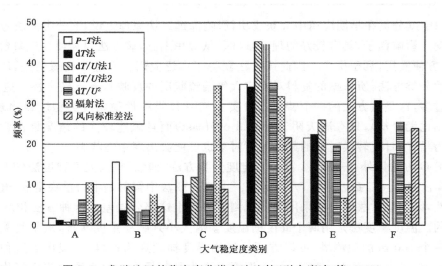

图 5.9　戈壁地区的稳定度分类方法比较(引自康凌 等,2011)

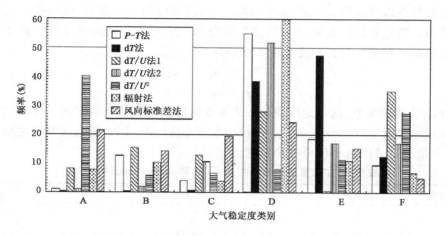

图 5.10　丘陵地区的稳定度分类方法比较（引自康凌 等，2011）

　　扩散参数 σ_y 和 σ_z 是高斯模式中的待定参量，上述稳定度只是为了对扩散参数进行分类描述，获得不同湍流特性（稳定度）条件下的规律。扩散参数需要由实验确定，稳定度则成为整理实验规律的有效参量。大气扩散参数最著名的野外观测是"大草原实验"。这是在美国内布拉斯加州（Nebraska）大草原（Prairie Grass）进行的扩散示踪实验，首次获得实际大气扩散参数的定量结果，及其随下风距离、稳定度的变化规律。图 5.11 即根据大草原实验总结的扩散参数结果。注意图中有 6 组曲线，对应 6 类稳定度，较不稳定的大气有较大的扩散参数值。各组曲线前半段为实线，后面为虚线，因为示踪实验的实际观测距离限于 800 m 以内。远处的曲线值是经验外推的结果。此外，这些结果是大草原获得的，适应于当地的地面条件：平坦、开阔、短草覆盖，地表粗糙度约为 $z_0 = 0.03$ m。这决定了这些实验结果只适用于其他类似地形条件。若地表粗糙度不同，需考虑修正地表条件的影响。

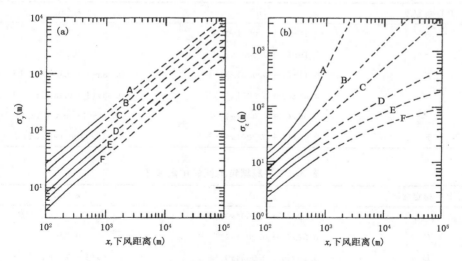

图 5.11　大草原实验获得的扩散参数结果

（引自 Arya，1999）

　　早年研究结果以图表形式呈现,除了形象直观,还有应用上的便利,因为可以直接从图上读取相关数值。当然这样读取的结果精度是有限的。后人逐渐倾向于使用经验公式表达结果。扩散参数的一种常用公式形式是幂指数拟合:

$$\sigma_y = ax^b \tag{5.13}$$
$$\sigma_z = cx^d \tag{5.14}$$

式中,a,b,c,d 为经验常数,随稳定度变化。表 5.5 为这些常数的取值实例。这些结果是美国布鲁克海文国家实验室(Brookhaven National Laboratory,BNL)按照温度梯度法稳定度分类给出的,表中给出了对应的 P-G 分类稳定度。

表 5.5　扩散参数经验公式 $\sigma_y = ax^b$ 和 $\sigma_z = cx^d$ 的系数实例

P-G 稳定度	稳定度	a	b	c	d
B	B2	0.40	0.91	0.41	0.91
C	B1	0.36	0.86	0.33	0.86
D	C	0.32	0.78	0.22	0.78
F	D	0.31	0.71	0.06	0.71

　　在大草原实验后,其他扩散实验研究获得了大量的观测结果。Briggs 系统梳理这些结果,总结出两套扩散参数,适用于开阔平原野外和城市两种不同的地表条件。结果如表 5.6 和表 5.7。注意表中水平扩散参数的公式形式相同,仅有系数的差别,而括号部分的结果有赖于下风距离 x,单位为 m。当 x 较小,括号内的结果趋近于 1,扩散参数 $\sigma_y \propto x^1$;当 x 很大,括号内的结果趋近于 $x^{-1/2}$,扩散参数 $\sigma_y \propto x^{1/2}$。回顾扩散的统计理论,这与 Taylor 公式预示的扩散渐近性质一致。可见平坦均匀地形条件下,水平方向的湍流大体满足均匀平稳条件,扩散实验结果与 Taylor 公式的理论预测相符。垂直方向湍流不均匀,故表中垂直扩散参数并不符合这一规律。

表 5.6　平原野外地区的扩散参数

P-G 稳定度	σ_y (m)	σ_z (m)
A	$0.22x(1+0.0001x)^{-1/2}$	$0.20x$
B	$0.16x(1+0.0001x)^{-1/2}$	$0.12x$
C	$0.11x(1+0.0001x)^{-1/2}$	$0.08x(1+0.0002x)^{-1/2}$
D	$0.08x(1+0.0001x)^{-1/2}$	$0.06x(1+0.0015x)^{-1/2}$
E	$0.06x(1+0.0001x)^{-1/2}$	$0.03x(1+0.0003x)^{-1}$
F	$0.04x(1+0.0001x)^{-1/2}$	$0.016x(1+0.0003x)^{-1}$

表 5.7　平原城市地区的扩散参数

P-G 稳定度	σ_y (m)	σ_z (m)
A~B	$0.32x(1+0.0004x)^{-1/2}$	$0.24x(1+0.001x)^{1/2}$
C	$0.22x(1+0.0004x)^{-1/2}$	$0.20x$
D	$0.16x(1+0.0004x)^{-1/2}$	$0.14x(1+0.0003x)^{-1/2}$
E~F	$0.11x(1+0.0004x)^{-1/2}$	$0.08x(1+0.0015x)^{-1/2}$

5.4　大气扩散实验简介

扩散实验的目的是为了获取湍流扩散性质。对高斯烟流模式而言,就是获取扩散参数(及其随下风距离的变化规律)。有不同的方法可以获得扩散参数。最重要、最直接的是化学示踪剂示踪实验方法。该方法是人为释放特定化学物质到大气中作为示踪标记物,观测该物质随大气扩散的浓度分布等定量特征。该方法涉及几个方面:①示踪剂选择;②示踪剂的受控释放;③示踪剂扩散浓度观测;④分析总结扩散性质(扩散参数等)。好的示踪剂应该满足的要求是:被动气体、背景浓度低、检出方便灵敏、化学性质稳定、不易沉积、无毒害等等。后来的示踪实验多数以 SF_6 作为示踪剂,因为它的确满足上述大部分要求。不过最初的大草原实验使用的是 SO_2,因为草原上 SO_2 的本底浓度很低。当然这一示踪剂也给后期对结果的分析带来一定的困扰,因为 SO_2 化学性质不够稳定,扩散过程中可能有转化和沉积作用。示踪实验中一个要点是准确控制释放的源强,以便后续分析中获得浓度-源强的定量关系。大气扩散的浓度观测是一个操作性很强的过程,人力耗费也很大,需要事先充分设计观测布点方案,还需临时考虑风向风速等气象条件影响,及时进行观测人员的调度。观测采集的样品也需及时分析浓度。示踪实验一般采用弧线布点采样,如图 5.12。通过弧线上观测的浓度可以求出侧向(lateral)扩散的方差。也就是说,以沿弧线方向的扩散近似代表侧向 y 方向扩散。具体计算方法如下。

对某一弧线,首先计算烟流轴线,也就是烟流平均浓度的位置:

$$\bar{Y} = \frac{\sum_{i=1}^{n} c_i y_i}{\sum_{i=1}^{n} c_i} \tag{5.15}$$

式中,c_i,y_i 为弧线上第 i 测点的浓度和位置,n 为弧线上的采样点数。然后计算弧线上浓度分布的方差:

$$\overline{Y^2} = \frac{\sum_{i=1}^{n} c_i (y_i - \bar{Y})^2}{\sum_{i=1}^{n} c_i} \tag{5.16}$$

依次计算不同弧线上的结果,获得扩散参数随下风距离的变化函数 $\sigma_y(x)$。对于垂直扩散参数 σ_z,原则上也可按类似的方法进行垂直浓度廓线观测。但自然大气中风向的水平摆动是经常出现的,只要实际风向比预期的偏离一点,就可能使固定点的观测位置错过烟云主体。因此垂直扩散参数的直接测定相当困难。使用前面介绍的地面侧向积分浓度和高斯烟流假设推算垂直扩散参数就成为有用的方法。

显然,按高斯分布来说,知道了扩散参数(标准差)也就知道了整个烟流的浓度分布。不过实际浓度分布常常并不是高斯函数形式,如图 5.12b 中就显示,浓度呈明显的双峰结构。可见烟云分布的方差对扩散的描述能力只是一个方面,烟云分布的形状(函数)是极重要的性质。可惜无法将图 5.12b 中显示的这样变化多端的扩散形状用普适的函数描述。因此一些研究中,弧线上的最大浓度也会作为重要的扩散特征量。

除了示踪实验,常用的扩散实验方法还有标记粒子法、光学轮廓法和湍流观测法。

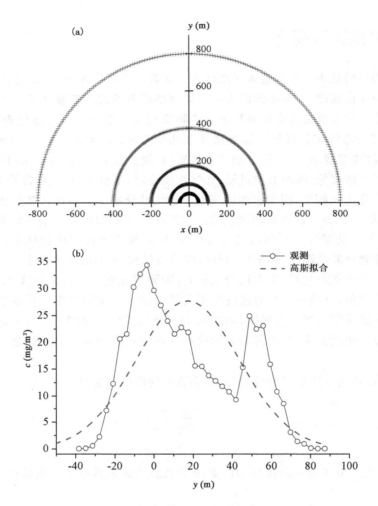

图 5.12　大草原实验的采样布点和浓度采样实例
(a)50 m,100 m,200 m,400 m 和 800 m 弧线布点;
(b)第 16 次试验 100 m 弧线上的观测值和高斯拟合曲线

　　(1)标记粒子法。使用气球作为标记物,跟踪其运动,了解当地扩散性质。常用的气球有平衡球和等容球。平衡球完全跟随大气运动,看作是被动粒子。等容球的体积不变(不增不减),所以在一定的气压面(近似于某高度面)上飞行。理想情况是同时释放多个气球,根据气球间的分散关系推算扩散参数。但同时跟踪多个气球是一项艰巨的任务(特别是以前受技术条件限制,主要用光学方法人工跟踪)。因此很多时候简化为一次只释放一个气球。在均匀平稳等假设条件下,由每次释放的气球飞行轨迹也可以推算出扩散参数。当然结果的不确定性也较大。不过根据气球飘行的轨迹了解局地大气扩散输送特性却很有意义。例如早年观测发现,在几十千米的范围内运动轨迹经历几小时到十几小时的时间,输送方向和路径有十分复杂的变化(图 5.13)。这些结果极大地丰富了对当地大气输送扩散性质的认识。

　　(2)光学轮廓法。对选定烟囱排放的烟流多次拍照。烟云边缘可以辨识是因为穿过该边缘的光学路径上的积分浓度达到了一定的阈值。小于该阈值则烟流不可见。如果从侧向对烟

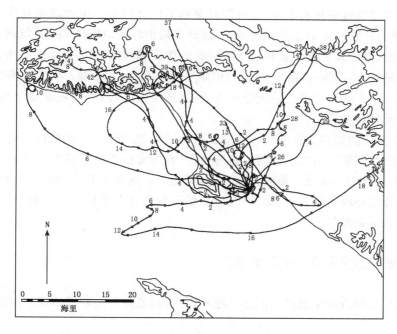

图 5.13　气球观测获得的大气运动轨迹

（引自 Pack，1964）

云拍照，多张照片的统计平均轮廓形成一个纺锤状。这样，由烟云光学轮廓边缘的 z_e 与 x 的函数关系，加上侧向积分浓度公式

$$\bar{c}_{ye} = \frac{1}{\sqrt{2\pi}} \frac{Q}{u\sigma_z} \exp\left(-\frac{z_e^2}{2\sigma_z^2}\right) \tag{5.17}$$

就可以推算垂直扩散参数 $\sigma_z(x)$。这种方法具有简单实用的特点，而且对垂直扩散参数的观测具有优势。现在数码照相普及的情况下，实施条件更为有利。

　　（3）湍流观测法。通过湍流观测仪器直接获取大气湍流脉动速度信息。这是了解当地湍流性质最有效的方法，并进而推测大气扩散性质。在扩散统计理论 Taylor 公式的应用部分介绍过如何用湍流速度资料计算扩散方差。当然，Taylor 公式本身受均匀平稳湍流条件限制。实际大气在平坦均匀地形条件下，水平湍流速度可近似满足该条件。因此，湍流观测法有利于获得水平扩散参数。近地面垂直方向湍流的非均匀性强，这种方法推算的垂直扩散参数会受到影响。另外，单点湍流观测的空间代表性在应用中也需要考虑。对复杂地形而言这一问题更为突出。

5.5　高斯模式方法小结

　　高斯模式是一套简单但完整的系统。由上述介绍可见，从数学模型到模型参量、再到这些参量的获取（参数化），构成了一个闭环。首先，假设了浓度分布的函数形状（高斯分布），决定该函数的是扩散参数（标准差），而湍流是该标准差的决定因子，因而用稳定度对其加以描述。最后用实验方法建立起扩散参数与稳定度的关系。这就是这一套方法的逻辑。由于所有模式参量都可由常规气象观测资料确定,高斯模式得到了广泛应用。虽然现在有众多更高级的模式,高斯模式仍然有它一定的地位。例如,美国环保局推荐的 AERMOD 系统就是基于高斯模式建立的。当然,该模式引进了边界层气象研究的新进展和成果,将地表覆盖类型等资料应用于确定地表粗糙度 z_0,同时使用地表-大气能量平衡关系,利用云量/风速/探空资料确定边界层参数 u_*,L,z_i。这样可避免传统稳定度分类(P-G 方法等)的不连续变化的级别,有利于更好描述实际大气状况。

　　当然,平直烟流高斯模式自身有一些前提条件造成的"硬伤"。例如前述有关小风条件下模式结果的适用性问题。另外还值得一提的是,平直烟流假设使它成为一个对无穷远处都有影响(虽然极小)的模式,就像一条光柱,瞬间照到远方。这显然是不对的。自然条件下,污染物沿一定方向传输一段距离后,气象条件变化,烟云就会弯曲或转向。因此,一些应用场合寻求更高级的模式是必然的。

5.6　高斯模式的实际应用处理

　　高斯模式在实际应用中遇到不同的问题和需求,其处理方法和思路很有启发性,以下分别介绍。

　　(1)陷阱型扩散

　　这是不稳定大气、边界层高度较低的条件下,烟云的垂直扩散不仅受地面限制,也受边界层顶的限制,故有此名(trap,陷阱)。如果把地面和边界层顶对烟云的作用都当成全反射处理,则如同两个平行镜面对烟流反复成像,如图 5.14。

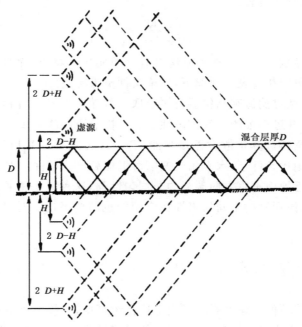

图 5.14　陷阱型扩散的烟云多次反射及对应的虚源

(引自李宗恺 等,1985)

考虑边界层高度为 D,排放源高度为 h,陷阱型扩散的浓度公式为:

$$\bar{c}(x,y,z) = \frac{Q}{2\pi u \sigma_y \sigma_z}\exp(-\frac{y^2}{2\sigma_y^2})\sum_{n=-\infty}^{\infty}\{\exp[-\frac{(z-h+2nD)^2}{2\sigma_z^2}]+$$

$$\exp[-\frac{(z+h+2nD)^2}{2\sigma_z^2}]\} \tag{5.18}$$

对地面浓度,该公式简化为:

$$\bar{c}(x,y,z=0) = \frac{Q}{\pi u \sigma_y \sigma_z}\exp(-\frac{y^2}{2\sigma_y^2})\sum_{n=-\infty}^{\infty}\exp[-\frac{(h+2nD)^2}{2\sigma_z^2}] \tag{5.19}$$

这里对 n 求和虽然写为从负无穷到正无穷,实际只需求前 3~5 项,就可达到精度要求。由公式也可看出,陷阱型扩散只影响垂直方向,对侧向扩散没有影响。

陷阱型扩散在远处必然变成垂直方向均匀混合的状况,也就是说,浓度不随高度变化。这样一来,水平方向浓度的分布仍然是高斯函数,但垂直方向是一个阶梯函数:

$$f(z) = \begin{cases} c_{mix} & (0 \leqslant z \leqslant D) \\ 0 & (z > D) \end{cases} \tag{5.20}$$

令 $\bar{c}(x,y,z) = A\exp(-\frac{y^2}{2\sigma_y^2})f(z)$,按烟流的连续性条件有:

$$Q = \int_{-\infty}^{\infty}\int_{-\infty}^{\infty}\bar{u}\bar{c}(x,y,z)\mathrm{d}y\mathrm{d}z = \int_{-\infty}^{\infty}\int_{-\infty}^{\infty}\bar{u}A\exp(-\frac{y^2}{2\sigma_y^2})\cdot f(z)\mathrm{d}y\mathrm{d}z \tag{5.21}$$

因为

$$\int_{-\infty}^{\infty}\frac{1}{\sqrt{2\pi}\sigma_y}\exp(-\frac{y^2}{2\sigma_y^2})\mathrm{d}y = 1 \ , \ \int_{-\infty}^{\infty}f(z)\mathrm{d}z = c_{mix}D$$

故

$$A = \frac{Q}{\sqrt{2\pi}\sigma_y \bar{u}c_{mix}D} \tag{5.22}$$

因此,垂直均匀分布的浓度公式为:

$$\bar{c}(x,y,z) = A\exp(-\frac{y^2}{2\sigma_y^2})f(z) = \frac{Q}{\sqrt{2\pi}\sigma_y \bar{u}D}\exp(-\frac{y^2}{2\sigma_y^2}) \tag{5.23}$$

公式(5.23)变得十分简洁,对下风距离大于某一数值 x_L 后的陷阱型扩散适用。

陷阱型扩散的侧向积分浓度在远处趋于常数 $\frac{Q}{\bar{u}D}$ 。可见边界层高度对浓度有重要影响。

图 5.15 给出了边界层高度 D 相对于源高 h 不同倍数时地面侧向积分浓度随下风距离的变化。可见边界层越低,浓度将越高。同时可见,平均风速与边界层高度乘积对扩散有重要意义,通常称为通风系数。在远距离或大范围扩散问题中,通风系数是决定性的气象参量,常作为污染潜势的良好指标。图 5.15 中定义地面侧向积分相对浓度:

$$\Phi = \frac{h}{\sigma_z}\sum_{n=-\infty}^{\infty}\exp[-\frac{(h+2nD)^2}{2\sigma_z^2}]$$

式中,下风距离用 σ_z/h 表示,σ_z/h 是 x 的函数。

(2)熏烟型扩散

熏烟型扩散是很受关注的。一种特别的情况是,早上不稳定边界层从地面附近发展起来,逐渐接近高架源的排放口。此时上层大气还处于夜间稳定层状态,烟流垂直扩散极小,往往形成一层薄的高浓度层。因此,当升高的不稳定边界层与烟流接触,就会把上层的污染物很快带到地面,造成地面的高浓度污染。对熏烟型扩散往往用到类似于陷阱型扩散的简化处理,即假

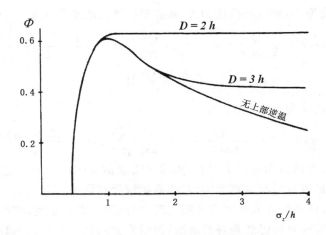

图 5.15　混合层高度对地面侧向积分浓度的影响

（引自李宗恺 等,1985）

设进入不稳定边界层内参与熏烟的污染物很快混合,垂直方向立即形成均匀浓度分布。这就大大简化了熏烟浓度的计算。可将熏烟过程中地面浓度的公式写为:

$$\bar{c}_F(x,y,0) = \frac{Q_D}{\sqrt{2\pi}u\sigma_{yF}D}\exp(-\frac{y^2}{2\sigma_{yF}^2})\tag{5.24}$$

$$Q_D = Q\int_{-\infty}^{D-h}\frac{1}{\sqrt{2\pi}\sigma_z}\exp(-\frac{\xi^2}{2\sigma_z^2})\mathrm{d}\xi$$

式中,Q_D 是烟流的浓度高斯分布函数被边界层切下、参与熏烟的那部分质量。图 5.16 显示了烟流高度 h 及浓度高斯分布、边界层高度 D 和熏烟的关系。图中显示 3 个时刻 t_1, t_2 和 t_3 对应的边界层高度 D_1, D_2 和 D_3。对于特定烟囱而言,边界层发展到烟囱高度时熏烟就开始了。对下风向某一点来说,当边界层发展到包含烟云的上边界(即 $D = h_s + \Delta h + 2.15\sigma_z$),则地面达到最大熏烟浓度。这里 h_s 是烟囱高度,Δh 是烟流抬升高度,其意义将在后文介绍。

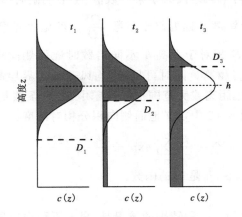

图 5.16　早上熏烟过程示意

(3)长期平均浓度计算

对重要点源进行长期平均浓度计算,了解它对周边的影响,是工程预评估的工作内容之一。当然可以收集当地气象资料按高斯模式计算各时刻的地面浓度分布,然后按一年(或多年或分季节)统计平均浓度。这样处理的计算量较大,而且有很多计算是重复性的。一种简化的方法是将气象条件按风向、风速、稳定度划分等级,统计各类型气象条件出现的频率。这样,每种条件就只需计算一次。风向正好可按 16 个方位划分,稳定度也按等级划分,风速可按 0~1,1~2,2~4,4~6 和>6 m/s 分为 5 档。这样就可以求一定时段的风向-风速-稳定度联合频率。

点源周边的浓度按各方位延长线计算。这事实上假设各方位角内同一下风距离取平均浓度,亦即弧段平均浓度。如果把距离点源 x 处的圆周($2\pi x$)上的积分浓度当作侧向积分浓度,则一个方位角内的弧线长度为 $2\pi x/16$。进一步假设烟云的侧向扩散限制在一个方位角内,则可导出一个方位角内下风 x 处的平均浓度。

首先写出地面侧向积分浓度公式:

$$\bar{c}_{\mathrm{CWI}} = \int_{-\infty}^{\infty} \bar{c}(x, y, z = 0)\mathrm{d}y = \sqrt{\frac{2}{\pi}}\frac{Q}{u\sigma_z}\exp(-\frac{h^2}{2\sigma_z^2}) \tag{5.25}$$

式中使用了地面全反射条件。圆周平均浓度是 $\bar{c}_{\mathrm{CWI}}/2\pi x$。假设烟云仅限于一个方位角内扩散,则方位角弧段内的平均浓度为 $\bar{c}_{\mathrm{CWI}}/(2\pi x/16)$,即:

$$\bar{c} = \sqrt{\frac{2}{\pi}}\frac{Q}{u\sigma_z(2\pi x/16)}\exp(-\frac{h^2}{2\sigma_z^2}) \tag{5.26}$$

因此,该方位角内年平均浓度可以写为:

$$\bar{c}_{\text{年均}} = \sum_{i,j}\sqrt{\frac{2}{\pi}}\frac{f_{ij}Q}{u_i\sigma_{z_j}(\pi x/8)}\exp(-\frac{h_{ij}^2}{2\sigma_{z_j}^2}) \tag{5.27}$$

式中,f_{ij} 是该风向一年内出现 i 风速级别、j 稳定度类型的频率。注意稳定度类型对应不同的扩散参数 σ_{z_j},而烟云高度在考虑烟气抬升作用后是风速和稳定度的函数,故有 h_{ij}。对每个风向分别计算,即获得该排放源对周边的平均影响浓度。

(4)小风条件下的扩散

如前所述,平直烟流模式忽略了纵向扩散,因此在小风静风条件下模式趋于不再适用甚至崩溃。实际情况是,小风条件下风无法维持恒定的方向,风向经常变化。此时如果把点源的连续排放按时间先后分解为一个个单元,每个单元视为一个烟团(puff)独立移动和扩散,则整个烟流由所有这些烟团组合而成,如图 5.17。空间任一点的浓度也由所有这些烟团的影响决定。

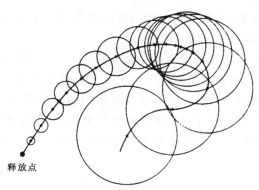

释放点

图 5.17 小风条件下的烟流形态变化(引自 Hanna et al.,1982)

　　如果假设每个烟团的浓度分布符合高斯函数,并随着时间变化,则按以上思路发展出高斯烟团模式。该方法的原理十分简单。对单个烟团 i,在 t 时刻其位置为 $P(x_p, y_p, z_p)$,则它对空间任一点 (x, y, z) 的浓度贡献为:

$$\bar{c}_i(x, y, z) = \frac{Q\Delta t}{(2\pi)^{3/2} \sigma_x \sigma_y \sigma_z} \exp\left[-\frac{(x-x_p)^2}{2\sigma_x^2} - \frac{(y-y_p)^2}{2\sigma_y^2} - \frac{(z-z_p)^2}{2\sigma_z^2}\right] \tag{5.28}$$

式中,$Q\Delta t$ 为烟团的污染物质量。每个烟团都以它离开源的时刻开始计算时间,从而决定扩散参数 $\sigma_x, \sigma_y, \sigma_z$ 的数值。将该时刻空间上所有烟团对 (x, y, z) 点的浓度贡献求和,得到该点的总浓度:

$$\bar{c}(x, y, z) = \sum_i \bar{c}_i(x, y, z) \tag{5.29}$$

　　虽然与高斯烟流模式相比,原理上看起来只是简单的推广,但二者有本质的差别。首先,烟流模式是静态的,平直烟流假设意味着定常状态,不随时间变化。烟团模式则是动态的,结果可以随时间变化。当然,这也带来了对气象资料要求的巨大变化。平直烟流模式只需要单点的气象资料,而烟团模式需要输入时空变化的气象场。模拟获得时变的浓度场,也会大大增加结果分析的工作量。此外,烟团模式在技术方法上也有很多技巧,例如,对连续排放源取多长时间段 Δt 作为一个烟团是合适的? 该值过大则精度不够,过小则计算量太大。

　　需要注意的是烟团模式的扩散参数,虽然符号与烟流模式的相同,但意义不同。固定点源排放形成的烟流会受到风向水平摆动的影响,进而影响扩散参数或烟流扩散尺度。烟团的扩散是在随平均风移动的过程中相对于其自身质心的扩散,也称相对扩散。原则上,相对扩散随时间(或下风距离)的变化规律与烟流的扩散规律不同。因此,不能简单套用烟流的扩散参数。但相对扩散的实验观测结果很少,一些烟团模式中仍然借用烟流的扩散参数。因此在结果分析中应该注意,这实际使用了偏大的扩散估计。

5.7　模式估算的浓度结果的意义

　　本节介绍浓度结果的意义。这其实是一系列与观测有关的概念。

　　(1)首先是观测的时间分辨率。对于单点浓度观测获得的时间序列而言,采样频率决定了序列的时间分辨率。例如,10 Hz 的采样频率说明时间分辨率是 0.1 s。逐小时采样则其分辨率为 1 h。

　　(2)这就引出另一个问题,平均时间。因为逐时采样可以是采 10 min,也可以是连续采 1 h。所获的当然就是 10 min 或 1 h 的平均结果。

　　(3)平滑时间。采样频率和平均浓度是可以分开的。可以用仪器进行高频采样,如 1 h 采10 个样、100 个样,最后平均所有样品获得平均浓度。如果是在线连续采样,可能原始采样频率较高,事后可分段获得诸如 10 min、30 min、1 h 平均的浓度序列。另一种方法则是用固定的平均时间(如 10 min 等)对原始序列依次进行平均操作,但不改变序列的分辨率。这一方法称为时间平滑,其作用相当于一个时间滤波,把时间序列中小于平滑时间的高频涨落部分滤去。

[**问题**]罐采样的浓度,平均时间是多长?

由于大气的湍流运动属性,物理量的观测结果(包括浓度扩散)与平均时间有关。图 5.18 是一张经典的大气运动能谱。可以清晰看出大气运动的能量 $nS(n)$ 与运动频率 n 或时间尺度(周期)的关系。在 1 h 内是经典的湍流运动能量,而低频部分的两个峰值分别是大气运动的日变化和天气过程的能量。如前所述,边界层大气有明显的日变化。天气过程则有 5~7 d 的准周期性变化。这从图 5.18 中都可以看出。因此,如果观测的平均时间越长,包含进来的运动能量也就越多。严格来说,大气湍流运动是不平稳的。不过在湍流动能与日变化能量峰值之间有长长的谱隙(gap)。这说明对湍流观测而言,只要平均时间达到 30~50 min,结果将是准平稳的。对小于这个平均时间的观测量,如扩散参数 $\sigma_y\sigma_z$,则会随平均时间的不同而变化。具体为:

$$\frac{(\sigma_y)_A}{(\sigma_y)_B} = \left(\frac{\tau_A}{\tau_B}\right)^p \tag{5.30}$$

$$\frac{(\sigma_z)_A}{(\sigma_z)_B} = \left(\frac{\tau_A}{\tau_B}\right)^q \quad (\tau_B,\tau_A < 10 \text{ min}) \tag{5.31}$$

式中,A 和 B 表示不同的平均时间 τ_A 和 τ_B,p 和 q 为经验系数,取值 0.2~0.3。注意垂直扩散参数在 10 min 内有变化,大于 10 min 后即接近平稳。这与垂直湍流运动受地面限制,尺度较小有关。水平运动受地面限制较小,尺度变化较大,需要更长的平均时间才能获得平稳的扩散参数。

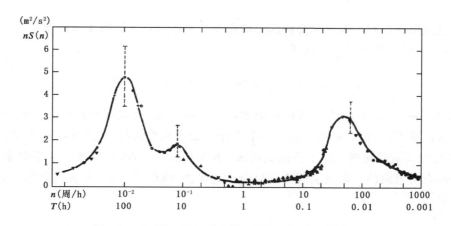

图 5.18 大气运动的能谱分布(引自 Van der Hoven,1957)

由此可见,高斯模式计算的浓度结果是与扩散参数的平均时间对应的。否则无法与实际观测的结果或他人的结果相互比较。所以,对观测的浓度资料,我们总希望了解是日均值? 小时平均值? 还是 10 min 平均值? 模式计算的结果也是如此。

5.8 受体点浓度观测的印痕分析

扩散模式一般描述从源到浓度的过程,称正向扩散。在解释或解读观测结果时,常用印痕(footprint)分析方法追溯浓度的潜在来源。这时常用到反向扩散的概念,即以浓度观测结果的时刻出发,反时间方向进行扩散计算,获得印痕分布或影响该浓度的潜在来源区域分布。

提起追溯污染来源,广为人知的是反向轨迹方法。不过常用的反向轨迹计算结果有这样的特点：①气象资料的时空分辨率较低，仅适合较大范围的轨迹计算；②不考虑边界层和湍流的作用，对应一个时刻只有一条轨迹。这使反向轨迹追溯的只是一个大致的方向，而不能反映来源区域及潜在影响的定量分布。印痕则是定量分析的工具。

浓度这类受体观测的特点是，单个测点的结果受上风向多个源的影响。由此引出的问题是：各个源对监测值有多大的贡献？印痕概念的引入可通过以下问题的 2 种问法有所了解。

问题：假设监测浓度只受上风向地面源影响。

A)问：地面各源点对监测值有多大贡献？或者换个问法，

B)问：地面各源点 会 对监测值有多大贡献？

可见第 2 种问法中的"会"字问的是一种可能性（possibility）。印痕关心的就是这种可能性，或者是潜在影响。印痕、源和实际观测浓度的关系如图 5.19 所示。图 5.19 中反映 2 个要点：

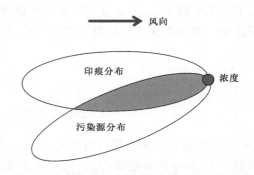

图 5.19　观测结果与源、潜在影响源区的关系

①印痕就是上风向会对监测值有贡献的区域；

②上风向源分布和印痕分布交叠部分的积分效果造成观测点的实际浓度。

这样，可以对印痕进行数学描述：

$$c(0,0,z_m) = \int\limits_{-\infty}^{\infty} \int\limits_{-\infty}^{\infty} Q(x,y,0) f(x,y,z_m) \mathrm{d}x \mathrm{d}y \qquad (5.32)$$

式中，c 为观测浓度，Q 为源强，f 为印痕函数（footprint），z_m 为观测点高度。公式中默认观测点为水平坐标原点(0,0)。可见印痕是一个传导函数或权重函数，它规定了局地源强 $Q(x,y,0)$ 对观测浓度贡献的比例。对于观测高度 z_m 不为 0 的情况，印痕函数的水平分布见示意图 5.20。观测点上风向的一定范围印痕函数会达到峰值，峰值的大小、位置与风速、稳定度等大气状况有关。

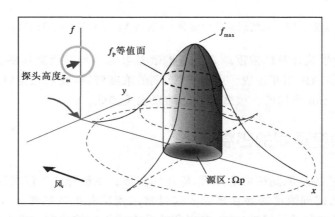

图 5.20　Schmid 的印痕函数示意图（引自 Schmid，1994）

　　印痕最初由 Pasquill(1972)作为观测的有效上风影响区(effective fetch)的概念而提出。20 世纪 90 年代后得到进一步重视和发展,并广泛应用于微气象观测和湍流通量分析领域。对浓度资料进行印痕分析,在环境科学领域有重要价值,归纳如下。①了解观测结果的空间代表性,追踪潜在影响来源,解释污染成因。②与实际排放源清单结合,实现污染浓度的快速预报。③通过长期观测数据反演污染源,校正或更新污染源排放清单。④使影响污染过程的气象因素与具体污染源影响分离,实现局地污染潜势的定量估算。

　　式(5.32)中把污染源与印痕区分为相互独立的量,认为印痕只与气象条件有关。因此可用气象场和扩散模式估算印痕函数。

　　原则上有 2 种方法可计算印痕,即正向扩散法和反向扩散法。正向法与通常的扩散模拟无异,只需计算上风向所有点位排放源的扩散,获得它们各自对观测点的浓度贡献。在受体问题中,观测点只有一个或少数几个。这样,正向扩散方法对上风向每个源都要计算扩散,但只使用到达观测点的值,因此这种方法是比较耗费的。反向扩散法以观测点为出发点,进行时间反向的虚拟扩散模拟,从而直接得到上风向各点对观测点浓度贡献的比例,也就是印痕函数。因此反向扩散法较为常用。

　　在近地面层简单理想条件下,可以导出印痕函数的解析解。首先,印痕计算的问题是,求地面面源各点对观测点浓度的贡献率。面源各点可以用一个个点源来代表。对平坦均匀地表、定常平稳大气湍流条件而言,每个点源的扩散行为都是相同的,只是其水平位置不同而已。这样一来,问题就简化为求一个点源的扩散结果,然后将其推移到不同水平位置,估算它对观测点的浓度贡献。在扩散的相似性理论部分,我们介绍了点源扩散的解析解,其结果完全可以搬到此处。对于 $x-z$ 二维扩散过程,有:

$$\frac{\bar{c}_y(x,z)}{Q} = \frac{A}{u\bar{Z}}\exp\left[-\left(\frac{B z}{\bar{Z}}\right)^s\right] \tag{5.33}$$

式中,$\bar{c}_y$ 为侧向积分浓度;$\bar{c}_y/Q$ 是以源强归一化的浓度,等效于单位源强的浓度。这样,上风向 $(-x,0)$ 处的单位点源对 $(0,z_m)$ 处观测点的浓度贡献即为:

$$f_y(-x;z_m) = \frac{\bar{c}_y(x,z_m)}{Q} = \frac{A}{u\bar{Z}}\exp\left[-\left(\frac{B z_m}{\bar{Z}}\right)^s\right] \tag{5.34}$$

式中,f_y 是侧向积分浓度的印痕函数。由于印痕的 x 方向指向上风向,与扩散的坐标方向相反,在保持扩散公式形式不变的情况下,f_y 函数坐标取为 $-x$。该公式中解随 x 的变化隐含在平均烟云高度 $\bar{Z}$ 与 x 的关系中,需要数值求解,应用时不太方便。Kormann & Meixner (2001)进一步给出了显式的解析解:

$$f_y(-x;z_m) = \frac{c_y(x,z_m)}{Q} = \frac{1}{\Gamma(\mu)}\frac{r}{\alpha z_m^{1+m}}\left(\frac{\xi}{x}\right)^\mu e^{-\xi/x} \tag{5.35}$$

式中,Γ 为伽玛函数,$r = 2+m-n$,$\mu = (1+m)/r$,$\xi(z) = \frac{\alpha z^r}{r^2 k}$。$\alpha$ 和 k,m,n 为 $\bar{u}$ 和 K 的幂指数关系的系数和指数,即:

$$\bar{u}(z) = \alpha \cdot z^m \tag{5.36}$$

$$K(z) = k \cdot z^n \tag{5.37}$$

按近地面层相似性,有:

$$\bar{u}(z) = \frac{u_*}{\kappa}\left[\ln\frac{z}{z_0} + \psi_m\left(\frac{z}{L}\right)\right] \tag{5.38}$$

$$K = \frac{\kappa u_* z}{\varphi_c} \tag{5.39}$$

对 $\bar{u}(z) = \alpha \cdot z^m$，$K(z) = k \cdot z^n$ 两边取对数后求导，有：

$$m = \frac{z}{\bar{u}} \frac{\partial \bar{u}}{\partial z} \tag{5.40}$$

$$n = \frac{z}{K} \frac{\partial K}{\partial z} \tag{5.41}$$

将 $m, n, \bar{u}$ 和 K 代入(5.36)和(5.37)即可确定 α 和 k。Kormann & Meixner (2001)的显式解虽然形式较复杂，但计算大为方便。

　　将侧向积分印痕的解推广到 $x-y$ 平面，一般假设 y 方向的扩散符合正态分布，故有：

$$f(-x, y; z_m) = f_y(-x; z_m) \cdot \frac{1}{\sqrt{2\pi}\sigma_y} \exp\left(-\frac{y^2}{2\sigma_y^2}\right) \tag{5.42}$$

其中对近距离影响，取 $\sigma_y = \sigma_v x / \bar{u}$。对远距离的一般情况，有(Draxler, 1976)：

$$\sigma_y = \sigma_v T / [1 + (0.5 T / T_y)^{1/2}] \tag{5.43}$$

式中，$T = x/\bar{u}$，并取时间尺度 $T_y = 200$ s。可见在远距离处符合 $\sigma_y \propto T^{1/2}$ 的 Taylor 公式渐近性质。从上述公式可知，在近地面层印痕分析应用中，除了需要摩擦速度 u_*、奥布霍夫长度 L、平均风速 $\bar{u}$ 和地表粗糙度 z_0 之外，还需要侧向湍流速度标准差 σ_v。

　　上述印痕解析解只适合均匀平稳条件、几千米水平范围的问题。对较大水平尺度，气象场的时间变化和空间变化都不可忽略。此时只能用正向或反向扩散的数值模式计算印痕。如前所述，反向扩散计算效率更高，应用也较多。可以用拉格朗日粒子扩散模式进行模拟，但需要将时间轴反转，把气象场的时间顺序颠倒过来，同时还需处理湍流扩散速度项在时间反转后的修正。中尺度气象模式提供的边界层风场、湍流参数等适用于印痕函数的模拟计算。图 5.21 为反向粒子扩散印痕模式应用于珠江三角洲地区的一个例子。在用此印痕方法分析广州市

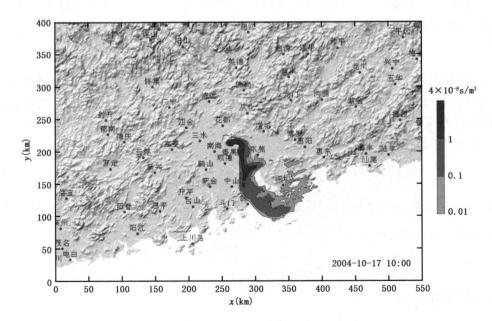

图 5.21　广州测站 SO_2 重污染条件的典型印痕分布个例

2004 年 10 月的 SO_2 浓度观测结果时发现,该月出现的几次持续数天的重污染事件过程中,浓度印痕每每出现如图 5.21 所示的分布形态。这一情况明确显示,该印痕区域和印痕区域指明的方向,应该是造成当地严重污染的潜在排放源区。

第 6 章　实际大气扩散过程和影响因子

　　污染物的大气扩散过程受许多实际因素影响,而不仅仅是湍流作用的结果。前面章节中我们集中于大气边界层和大气湍流的作用,是对实际大气扩散过程的抽象和简化。图 6.1 更完整地反映了实际大气扩散过程,包括从烟囱排放出来的近源过程、随风迁移和湍流扩散过程、化学转化和放射性衰变过程、干湿沉积过程、云下冲洗以及云中参与云物理和化学过程等等。实际扩散中大气和地表情况也经常变化,例如边界层经历日夜变化,部分污染物逸出边界层进入高层大气,参与长距离输送;地表则可能经历不同的陆地覆盖(森林、城市、田野等)、山地地形、湖海水面条件等变化。这些过程从广义来说,都算“大气扩散”(atmospheric diffusion)。为了区别,有时会把由风和湍流造成的窄义的扩散称为 dispersion,中文没有更好的对应词,也许可译作散布或分散。本章简要介绍这些大气扩散的实际影响因子。

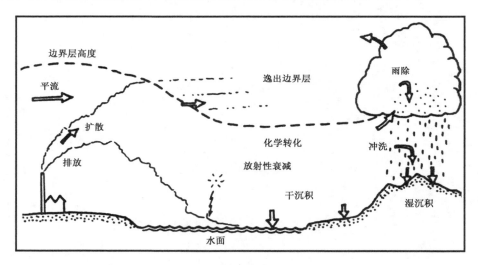

图 6.1　大气扩散过程的影响因子
(引自 Pasquill and Smith,1983)

6.1　烟气抬升

6.1.1　烟气抬升的理论分析

　　如图 6.1 所示,烟云排出烟囱后并不立即成为被动扩散物质、完全随风飘移,而是沿着排出的路径有一段上冲或抬升。这在实际烟囱排放中是常见的现象。这说明烟气排出烟囱口的一段时间内,仍保留自身的某种性质和结构,扩散行为也就有所不同。

初出烟囱口的烟云行为备受关注,是因为烟云最终高度的确定与之密切相关。一般把烟云最终高度称为有效高度 h_e,是烟囱物理高度 h_s 和烟气抬升高度 Δh 之和:

$$h_e = h_s + \Delta h \tag{6.1}$$

而从高斯模式已知,高架源的最大地面浓度与烟云高度的平方成反比,$c \propto h_e^{-2}$,因此烟云有效高度是个敏感参数。而与之相应的是,实际烟囱的烟气抬升并不是一个小量,而是往往与烟囱的物理高度同一个数量级,甚至更大。因此准确估算抬升高度就对环境保护、企业设计运行等多方面都有重要意义。例如,一种湿法除尘设备可以提高除尘效率,但同时会降低烟气的温度,使烟气抬升作用减小,这反过来对周边的地面浓度又会有不利的影响。

图 6.2 详细描绘了烟气排出后的整个抬升过程。在出口阶段,烟气保持接近垂直上升,浓度很高,与周围空气的混合很少,烟气边缘清晰。之后烟云与空气的掺混作用增强,烟云体积增大,烟云开始顺着风的风向弯曲。再后来烟云逐步与外界空气混合一致,自主性质丧失,变成随风被动扩散,抬升终止。注意抬升过程中烟气有相对于空气的垂直运动速度,另外空气向烟云内的掺混称作夹卷(entrainment),也是影响抬升的重要因子。

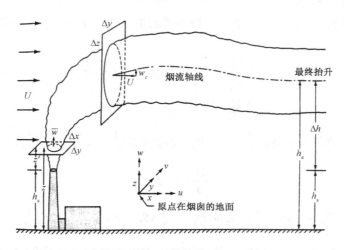

图 6.2　烟云抬升过程(引自蒋维楣 等,2003a)

分析抬升的原因,可以按内部和外部划分。内部有热力和动力两个方面的原因,热力是指烟气的温度通常高于环境大气温度,浮力作用导致抬升;动力是指烟气出口速度的作用,使烟云具有一定的运动惯性,也会造成抬升。外部影响因素较多,主要有风速、大气温度层结、大气湍流特性等。在抬升问题的研究中,往往采用一些假设,以使处理简化。

首先假设烟气处于定常大气中,烟流的形状保持不变。这样,只需跟踪一个烟流元从烟囱口出发的轨迹,也就可以了解抬升过程。另外,忽略烟气内部的结构,假设烟气某一截面上的温度、密度、浓度、速度等都相同。这一条件也称高帽假设(top-hat)。显然,这是一种高度简化的处理(例如,比之于高斯分布)。在这些假设条件下,可以考察烟流元的体积(质量)、热量和动量变化,从而确定其运动性质。

将抬升过程分为两类:无风和有风的情况。虽然自然大气中完全无风的情况是极少的,处理中仍然把它当作一个可能的极端条件,此时烟云只有垂直抬升,称垂直烟云;有风大气条件下,烟气一边抬升一边随风弯曲,称为弯曲烟云(bent)。两类情况的处理有所不同。

考察烟气的抬升过程,需区别烟气内外。把烟云内的参量用 s(smoke)表示,外部空气参量用 a(air)表示。这样,关心的参量有烟流半径 R,烟气和空气密度 ρ_s 和 ρ_a,烟气和空气温度 T_s 和 T_a(或 θ_s, θ_a),烟气出口速度 $\overline{w}$,大气平均风速 $\overline{u}$,另外还有大气层结参数 $S = \dfrac{g}{\theta_a} \dfrac{\partial \theta_a}{\partial z}$。以下将这些量应用于分别分析一个垂直抬升和一个弯曲烟云的烟流元。

(1)垂直烟云

单位时间排放的烟流体积为 $\pi R^2 \overline{w}$,该烟流元抬升过程中侧面一周 $2\pi R$ 都受到与外部空气的卷夹作用,使其体积改变(增大),故有:

$$\frac{\mathrm{d}\pi R^2 \overline{w}}{\mathrm{d}z} = 2\pi R v_e \qquad (6.2)$$

式中,v_e 为夹卷速度,即空气流入烟流内的速度。整理得

$$\frac{\mathrm{d}V}{\mathrm{d}z} = 2R v_e \qquad (6.3)$$

其中定义体积通量 $V = R^2 \overline{w}$。

烟流元的动量为 $\pi R^2 \overline{w} \rho_s \cdot \overline{w}$,抬升过程中受到的浮力是 $g(\rho_s - \rho_a) \cdot \pi R^2 \overline{w}$,因此动量的变化率是:

$$\frac{\mathrm{d}\pi R^2 \overline{w} \rho_s \cdot \overline{w}}{\mathrm{d}t} = g(\rho_s - \rho_a) \cdot \pi R^2 \overline{w} \qquad (6.4)$$

整理得

$$\frac{\mathrm{d}R^2 \overline{w} \cdot \overline{w}}{\mathrm{d}t} = \frac{g(\rho_s - \rho_a)}{\rho_s} \cdot R^2 \overline{w}$$

由于 $\dfrac{(\rho_s - \rho_a)}{\rho_s} \approx \dfrac{(\theta_s - \theta_a)}{\theta_a}$,故有 $\dfrac{\mathrm{d}F_m}{\mathrm{d}t} = F_b$,或改写为 $\dfrac{\mathrm{d}F_m}{\overline{w}\mathrm{d}t} = F_b/\overline{w}$,即:

$$\frac{\mathrm{d}F_m}{\mathrm{d}z} = F_b/\overline{w} \qquad (6.5)$$

其中定义动量通量 $F_m = \overline{w}V$,浮力通量 $F_b = \dfrac{g}{\theta_a}(\theta_s - \theta_a)V$。

烟流元的浮力为 $\dfrac{g}{\theta_a}(\theta_s - \theta_a)V\pi$,其变化等于克服大气层结所做的功,或者是大气层结所做的负功,即:

$$\mathrm{d}\left[\frac{g}{\theta_a}(\theta_s - \theta_a)V\pi\right] = -\frac{g}{\theta_a}\frac{\partial \theta_a}{\partial z} \cdot V\pi\mathrm{d}z$$

整理得

$$\frac{\mathrm{d}F_b}{\mathrm{d}z} = -SV \qquad (6.6)$$

式(6.3),式(6.5)和式(6.6)即构成垂直抬升的体积(质量)守恒、动量守恒和浮力守恒方程。方程未知量是 V, F_b 和 F_m,另外有卷夹速度 v_e 也是未知的。一般参数化 $v_e = \alpha\overline{w}$,经验系数 α 取为:

$$\alpha = \begin{cases} 0.160 & \text{(动力抬升)} \\ 0.125 & \text{(浮力抬升)} \\ 0.155 & \text{(混合抬升)} \end{cases} \qquad (6.7)$$

这样,式(6.3),式(6.5)和式(6.6)原则上可以求解。

（2）弯曲烟云

有风大气的抬升控制方程,推导过程与垂直烟云的情况类似。只不过弯曲烟云的体积通量定义不同。由于抬升速度与平均风速相比一般都是小量,烟气排出烟囱后主要受平均风拉伸形成烟流元,因此弯曲烟云按垂直截面和水平风速定义体积通量：

$$V_B = R^2 \bar{u} \tag{6.8}$$

从而有动量通量和浮力通量为：

$$F_m = \bar{w} V_B \tag{6.9}$$

$$F_b = \frac{g}{\theta_a}(\theta_s - \theta_a)V_B \tag{6.10}$$

由此导出弯曲烟云的控制方程为：

$$\frac{dV_B}{dt} = 2\bar{u}R v_e \tag{6.11}$$

$$\frac{dF_m}{dt} = F_b \tag{6.12}$$

$$\frac{dF_b}{dt} = -SV_B\bar{w} \tag{6.13}$$

方程同样有夹卷速度的参数化问题,可写为 $v_e = \beta\bar{w} = \dfrac{dR}{dz}\bar{w}$。经验系数 β 为：

$$\beta = \begin{cases} 0.4 + 1.2\bar{u}/\bar{w_0} & （动力抬升） \\ 0.6 & （浮力抬升） \end{cases} \tag{6.14}$$

式中,$\bar{w_0}$ 为烟囱出口速度。

从上述控制方程可以预判解的情况。对于稳定大气层结,$S > 0$,烟气上升需克服层结的影响做功,当烟气位温与空气位温一致时,抬升停止。因此,存在一个确定的抬升高度。对中性大气,$S = 0$,烟流元的浮力通量维持不变 $F_b = F_{b0}$,因此方程的解将是无穷抬升的结果,虽然后来烟流元体积越来越大,抬升也越来越慢。对不稳定大气,$S < 0$,浮力通量随着烟气抬升而增大,也导致无穷抬升的解。后面这种情况与实际大气不符。主要是因为方程中只考虑了抬升诱导的湍流夹卷作用,忽略了外界大气的湍流作用。不稳定大气湍流很强,往往与烟流强烈混合,从而使烟流失去其组织性,抬升停止。将外界湍流作用引入抬升过程可改善不稳定边界层烟云抬升的描述。

中性大气弯曲烟云抬升方程的解是：

$$z = \left[\frac{3}{\beta^2}\frac{F_{m0}}{\bar{u}}t + \frac{3}{2\beta^2}\frac{F_{b0}}{\bar{u}}t^2\right]^{1/3} \tag{6.15}$$

式中,F_{m0} 和 F_{b0} 是初始动量通量和浮力通量。上式表示烟流元高度随时间的变化。可见抬升与动量通量项和浮力通量项有关,并分别与时间成 1/3 和 2/3 次幂指数关系。随着时间推移,浮力通量的作用快速增加,并成为主要抬升因子。初始动量的抬升时间和作用都有限。

稳定大气的弯曲烟云抬升方程解是：

$$z = \left(\frac{3}{\beta^2\bar{u}S}\right)^{1/3}\left[\omega F_{m0}\sin\omega t + F_{b0}(1 - \cos\omega t)\right]^{1/3} \tag{6.16}$$

式中,$\omega = S^{1/2}$,代表大气振荡的频率。上式是一个振荡衰减方程,抬升路径 z 随时间而增加,然后振荡衰减趋于一个定值。这一解与实际大气中的观测结果较一致。

上述抬升方程的解虽然受许多假设条件的限制，仍然提供了抬升过程与规律的丰富信息，为实用抬升公式的确定打下了理论基础。

6.1.2　实用烟气抬升公式

与前面的理论分析相比，实用中更注重抬升的结果，即抬升高度的计算。认为抬升过程较短，只需把抬升高度直接添加到烟囱物理高度，即可描述源高。抬升公式都有很强的经验性，有较严格的适用条件限制。现列举若干公式如下。

（1）Holland 公式

$$\Delta h = (1.5w_0 D + 0.01Q_H)/\bar{u} \tag{6.17}$$

式中，w_0 为出口速度，D 为烟囱直径，Q_H 为烟气热排放率，单位为 kJ/s，可由 $Q_H = \pi R^2 w_0 \rho_s c_p (T_s - T_a)$ 计算。该公式适合较小规模的烟囱排放情况。

（2）Briggs 公式

$$\Delta h = 7.43 F_b^{1/3} h_s^{2/3} / \bar{u} \tag{6.18}$$

式中，h_s 是烟囱高度。该公式是由中性弯曲烟云抬升的理论解取烟囱 10 倍下风距离截断获得的抬升高度，以此作为最大抬升。这是一个经验处理。实验观测显示该公式适用于中性和不稳定大气条件。

对稳定无风条件（垂直烟云），有：

$$\Delta h = 3.9 F_b^{1/4} S^{-3/8} \tag{6.19}$$

稳定有风条件（弯曲烟云），则有：

$$\Delta h = 2.6 F_b^{1/3} (\bar{u}S)^{-1/3} \tag{6.20}$$

（3）国标公式

国标是指《制定地方大气污染物排放标准的技术方法：GB/T 13201—91》，是我国环保技术部门发布的国家标准。其中给出了烟气抬升高度的计算方法。该方法主要是 Holland 公式与 Briggs 公式的调和与修订，分不同情况如下。

当烟气热释放率 $Q_H \geqslant 2100$ kJ/s 且 $\Delta T = T_s - T_a \geqslant 35℃$：

$$\Delta h = n_0 Q_H^{n_1} h_s^{n_2} / \bar{u} = \Delta h_2 \tag{6.21}$$

式中，$\bar{u}$ 为烟囱高度的风速。系数 n_0, n_1, n_2 的取值见表 6.1。表 6.2 同时给出了由地面 10 m 风速推算 $\bar{u}$ 所需的幂指数。

当 $Q_H \leqslant 1700$ kJ/s 且 $\Delta T < 35℃$：

$$\Delta h = 2(1.5wD + 0.01Q_H)/\bar{u} \tag{6.22}$$

当 1700 kJ/s $< Q_H < 2100$ kJ/s：

$$\Delta h = \Delta h_1 + (\Delta h_2 - \Delta h_1)(Q_H - 1700)/400 \tag{6.23}$$

式中，$\Delta h_1 = 2(1.5wD + 0.01Q_H)/\bar{u} - 0.048(Q_H - 1700)/\bar{u}$。

对地面年均风速 $\leqslant 1.5$ m/s 的地区，按以下公式计算：

$$\Delta h = 5.5 Q_H^{1/4} (\Gamma + 0.0098)^{-3/8} \tag{6.24}$$

式中，$\Gamma = \max(0.01, \frac{\partial T_a}{\partial z})$，单位为 K/m，是烟囱以上大气的温度变化率。可以看出，国标方法对大排放源（大烟囱）采用的是 Briggs 公式，对小排放源（小烟囱）采用 2 倍 Holland 公式，对中等源基本采取上述二者的线性内插,另外对小风情况进行了特别处理。

表 6.1　国标公式的系数

Q_H(kJ/s)	地表状况(平原)	n_0	n_1	n_2
$Q_H > 21000$	农村或城市远郊区	1.427	1/3	2/3
	城区及近郊区	1.303	1/3	2/3
$2100 < Q_H < 21000$ 且 $\Delta T > 35K$	农村或城市远郊区	0.332	3/5	2/5
	城区及近郊区	0.292	3/5	2/5

表 6.2　推荐的风速幂指数 p 值

地区	稳定度				
	A	B	C	D	EF
城市	0.10	0.15	0.20	0.25	0.30
乡村	0.07	0.07	0.10	0.15	0.25

6.1.3　烟气抬升穿透逆温层的情况

实际大气边界层之上往往有一个逆温层或稳定层,抬升的烟气如果进入该层,就难以返回边界层内进一步影响地面浓度。因此了解烟气穿透逆温层的情况是重要的。一种处理方法是(Manins,1979;Venktram and Wyngaard,1988;Zannetti,1990),定义无因次浮力通量 P:

$$P = \frac{F_b}{ub_i(z_i - h_s)^2} \tag{6.25}$$

式中,$b_i = g\Delta T_i / T_a$,是逆温强度,ΔT_i 是逆温层的温差。

由此有对应的边界层内截留的烟流份额 f 如下:

$$f = \begin{cases} 1 & (P < 0.08) \\ 0.08/P - P + 0.08 & (0.08 < P \leqslant 0.3) \\ 0 & (P > 0.3) \end{cases} \tag{6.26}$$

其意义是,无因次浮力通量 $P < 0.08$,烟流完全保留在边界层内($f=1$);无因次浮力通量 $P > 0.3$,则烟流完全进入逆温层($f=0$);其他情况则有部分穿透。这样,逆温层上下的烟流将分别按照其质量比例进行扩散计算。

6.2　污染物沉积和清除

污染物的沉积(deposition)涉及一个很大的学科:地球不同环境介质间的物质循环。地球环境介质可粗分为固液气三形态的陆地、海洋和大气,也相应地称为"圈层"。更细的划分则加上生物圈层等。物质在不同圈层间的迁移、循环由来已久,而且从未停息。例如,CO_2 在岩石圈、大气圈、水圈和生物圈之间的循环,N_2 在大气、土壤、生物和微生物间的循环等等。污染物从地表或海洋排放进入大气,参与到这种物质循环的过程,然后又重新回到地表或海面。沉积就是污染物从空气进入地表或海面这样一种跨界面的过程。

与沉积意义相近的是大气清除(removal)过程,是指污染物在大气中的质量减少。而这种减少可包括沉积、化学转化、放射性衰变等等。因此清除的概念更广一些。

6.2.1　干沉积

大气污染物的沉积包括干沉积和湿沉积,对应于和降水无关/有关。由于地球大部分地区降水出现的时间都少于不降水的时间,干沉积的过程是很普遍的。有人估计北美地区大气中 40% 的氮氧化物,30% 的硫经干沉积清除。不过湿沉积的效率很高,大部分污染物还是经由湿沉积从大气中清除。

需要说明的是,空气中的污染物也具有固、液、气三种形态。不同形态污染物的沉积过程和影响因子有一定差异。固体颗粒或小液滴与空气组成的混合悬浮体称气溶胶。有时也把空气中的悬浮物称为气溶胶粒子。气溶胶本身是一个很大的学科门类,不仅有化学方面的热门研究,在颗粒物运动及碰并增长等物理规律方面也有久远的工作,并延伸至云物理过程、辐射过程等其他研究领域。空气中的气溶胶颗粒直径大约为 $10^{-3} \sim 50~\mu m$。

对干沉积而言,沉积通量 F 可写为以下简单公式:

$$F = v_d c(x, y, z_1) \tag{6.27}$$

式中,F 描述单位时间、单位面积进入地表的污染物质量,如 $mg/(m^2 \cdot s)$;v_d 是沉积速度;c 是地面附近的浓度。由于有近地面层常通量假设,高度 z_1 只需在近地面层内即可。需要说明的是,v_d 是一个具有速度量纲的经验系数或比例系数,用以综合反映各种沉积因子的作用,包括重力、惯性、湍流、布朗运动、粒子碰并、化学、静电吸附、植物气孔作用等等。所以确定沉积速度是一个具有挑战性的问题。以下仅以重力沉降为例进行介绍。

重力沉降对较大粒径颗粒物的沉积是重要影响因子。已知空气密度远小于固体或液体气溶胶粒子的密度。空气密度约 $1~kg/m^3$,固体或液体密度约 $10^3~kg/m^3$。颗粒物在大气中受到的浮力很小,经常可忽略不计。因此,置于大气中的颗粒物立即开始下落。此时粒子与空气之间开始出现相对运动,也就具有了摩擦。如此一来,颗粒物很快达到一个最终落速,使其自身重力、摩擦力与浮力(可忽略)三力平衡。这一最终落速也叫重力沉降速度,与颗粒物粒径密切相关。

流体力学对理想形状的颗粒物在空气中的下落速度早有研究。对球状粒子而言,下落速度 v_g 的公式为:

$$v_g = \frac{1}{18} \frac{\rho g D^2}{\mu} \left(\frac{24}{C_D Re} \right) \tag{6.28}$$

式中,ρ 为粒子密度;D 为直径;μ 为空气动力学黏性系数;Re 为粒子雷诺数,有 $Re = \dfrac{D v_g}{\nu}$,ν 为空气运动学黏性系数;C_D 为阻力系数,可写为:

$$C_D = \frac{24}{Re} \left(1 + \frac{3}{16} Re - \frac{19}{1280} Re^2 + \cdots \right) \tag{6.29}$$

对于小粒子,可取上述级数的第一项,有 $C_D = \dfrac{24}{Re}$,从而获得斯托克斯(Stokes)公式:

$$v_g = \frac{1}{18} \frac{\rho g D^2}{\mu} \tag{6.30}$$

该公式适合雷诺数范围 $10 > Re > 10^{-4}$,对应上述所谓较小尺度的粒子。对非球形粒子,也有许多风洞实验结果,揭示它们与球形粒子下落速度的关系。如,不同尺度比例的圆柱或棱柱

体、多边形片状体以及它们的组合体等。一般把这些粒子按体积换算成等效粒径,即相同体积等效球体的半径,即:

$$V_p = \frac{4}{3}\pi r_e^3 \tag{6.31}$$

式中,V_p 为粒子体积,r_e 为等效半径。非球形粒子的下落速度 v_{ge} 由形状因子加以修正:

$$v_{ge} = v_g(r_e)/\alpha \tag{6.32}$$

式中,形状因子 α 对每种粒子而不同。

实际粒子的形状变化极大,难以逐一计算对应的下落速度。不过一般应用中也不需要这么准确的计算,而是将粒径分段粗略估算。一种粗略的分法是直径 $D > 100\ \mu m$、$10 < D < 100\ \mu m$ 和 $D < 10\ \mu m$,对应称为大粒子、中等粒子和小粒子,分别对应下落速度约 $100\ cm/s$、$10^0 \sim 10^1\ cm/s$ 和 $\sim 1\ cm/s$。大粒子在空气中的下落速度达到 $1\ m/s$ 的数量,会随着平均风速大致按抛物线的形式很快落到地面。小粒子落速在 $0.01\ m/s$ 的量级,小于大气湍流脉动特征速度,可以随湍流运动长期飘浮在大气中。因此小粒子在环境科学中又称飘尘或烟尘。小粒子的扩散可以当成气态被动污染物的情况同样处理。中等粒子的垂直扩散需要考虑沉降速度的影响。

为什么只用粒径就可以分类? 由斯托克斯公式 $v_g = \dfrac{2\rho g r^2}{9\mu} \propto \rho^1 D^2$,可知落速与粒子密度、粒径平方成正比。自然粒子的密度,水、岩石对应为 1、$2.65\ g/cm^3$,铁为 $7.8\ g/cm^3$,线性变化几倍。粒径平方则变化几个数量级。故落速对粒径敏感。

气态污染物干沉积速度的计算为:

$$v_d = \frac{1}{R_a + R_b + R_c} \tag{6.33}$$

式中,R 称为阻抗,下标 a, b, c 分别指示空气动力学阻抗、准层流阻抗和剩余阻抗。注意,写成阻抗形式的好处是,几种因子对沉积的作用可以用阻抗的线性叠加表示。至于这些阻抗的确定,则需用到 u_*, L, z_0, d(地表零值位移)等湍流和地表参量以及辐射、空气与地面温度、湿度、土壤湿度等系列参量。当然这些参量可进一步由地面参数确定,如土地类型、植被种类、叶面指数、叶绿素、植物结构、土地裸露情况、土壤 pH 值等。从而使沉积计算可大面积应用。当然更基础的工作还是直接测量各种代表性地表和区域的干沉积通量,才使得上述参数化成为可能。

干沉积可用湍流通量法直接测量,需要用到高频响应的浓度和湍流速度观测仪器(一般要 $10\ Hz$ 数据)。对很多种类污染物而言,并没有达到这种要求的浓度观测仪器产品,往往需要研究者自行开发,或者采用其他替代方法。例如,用平均浓度梯度法,可由近地面相似性理论、通量廓线关系获取湍流通量。湍流通量观测是微气象领域的热点话题。单点观测结果的空间代表性怎样? 如何将观测结果推广到区域尺度(up-scaling)? 沉积过程中地面作为"汇",观测位置如何选择? 这些问题都会影响通量观测和估算结果。湍流观测结果的处理也需要专门的知识。

图 6.3 给出了干沉积速度与粒子直径的关系。可见在 $10\ \mu m$ 处,沉积速度与重力沉降速度开始明显分离。小于 $10\ \mu m$ 的粒子沉积速度总体大于重力沉降速度,说明其他沉积因子开

始起越来越大的作用。值得注意的是,在 $10^{-1} \sim 10^{0}$ μm 范围有一个沉积速度的极小值区,对更小的粒子,沉积速度由于吸附作用等反而增加。因此,这一粒径段具有某种选择性的不易沉积特点。注意图 6.3b 显示地面粗糙度对小粒子的沉积速度有重要影响。

> 沉积不仅发生在地面或水面或植物叶面,也可以发生在动物或人体,比如肺泡的壁面。

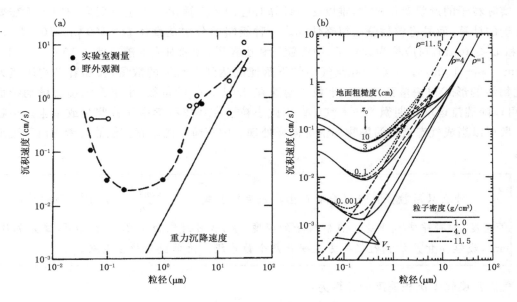

图 6.3　干沉积速度与粒径、密度、地表粗糙度的关系

(引自 Hanna et al. ,1982)

高斯模式对沉积的处理有以下几种:

(1)中等粒子的倾斜烟云模式。假设粒子重力沉降作用使整个粒子烟云按沉降速度下落(倾斜),但保持烟云浓度形状不变,粒子遇地面即被吸收,无反射。这样,烟云公式写为:

$$\bar{c}(x,y,z) = \frac{Q}{2\pi u \sigma_y \sigma_z}\exp(-\frac{y^2}{2\sigma_y^2})\exp\{-\frac{[z-(h-v_g x/\bar{u})]^2}{2\sigma_z^2}\} \qquad (6.34)$$

可见公式只对烟流高度加以修正,随扩散时间($t = x/\bar{u}$)而降低($\Delta h = v_g t = v_g x/\bar{u}$)。

(2)小粒子和气体污染物扩散的部分反射模式。此时扩散物质看作是被动的,接触地面时产生沉积,用部分反射模式表示:

$$\bar{c}(x,y,z) = \frac{Q}{2\pi u \sigma_y \sigma_z}\exp(-\frac{y^2}{2\sigma_y^2})\{\exp[-\frac{(z-h)^2}{2\sigma_z^2}]+\alpha\exp[-\frac{(z+h)^2}{2\sigma_z^2}]\} \qquad (6.35)$$

这里地面反射系数小于 1,表示沉积作用。

(3)小粒子和气体污染物扩散的源损耗模式。该模式的特点是把地面沉积的污染物沿途扣除,反映在源强随下风向减小,但烟云浓度形态(高斯分布)不变,地面全反射处理,公式写为:

$$\bar{c}(x,y,z) = \frac{Q(x)}{2\pi u \sigma_y \sigma_z}\exp(-\frac{y^2}{2\sigma_y^2})\{\exp[-\frac{(z-h)^2}{2\sigma_z^2}]+\exp[-\frac{(z+h)^2}{2\sigma_z^2}] \qquad (6.36)$$

其中
$$Q(x) = Q(0)\{\exp\int_0^x \frac{\mathrm{d}x}{\sigma_z \exp(h^2/2\sigma_z^2)}\}^{-\sqrt{\frac{2}{\pi}\frac{v_d}{\bar{u}}}} \qquad (6.37)$$

可见该方法把源强的变化与沉积速度相关联。高斯模式对沉积的处理方式值得参考。不论哪种方式,物理概念都很清晰,同时对原有模式的修改又最小,以保持其应用的活力。

6.2.2　湿沉积简介

湿沉积比干沉积更复杂,涉及云和降水。污染物中的微细颗粒可以作为云凝结核参与云物理过程,成云致雨。降水过程则对云下的污染物产生很强的冲刷作用。雨滴降落过程的吸附和溶解作用当然是一个方面,降水带动空气的下沉运动是另一方面。一般将二者并合考虑。以下介绍 2 种处理方法。

(1)洗脱系数法

假设污染物浓度从降水开始后呈 e 指数衰减,即:
$$\bar{c}(t) = \bar{c}(0)\exp(-\Lambda t) \qquad (6.38)$$

式中,Λ 即洗脱系数(scavenging coefficient),单位为 s^{-1} 或 h^{-1}。取经验公式:
$$\Lambda = bI^\alpha \qquad (6.39)$$

式中,α,b 为经验系数,I 为雨强(mm/h)。洗脱系数 Λ 不确定性很大,一般取值范围为 $0.4 \times 10^{-5} \sim 3 \times 10^{-3}\mathrm{s}^{-1}$,中值为 $\Lambda \sim 1.5 \times 10^{-4}\mathrm{s}^{-1}$。这样,湿沉积通量为:
$$F_{\mathrm{wet}} = \int_0^{Z_w} \Lambda\bar{c}(z)\mathrm{d}z \qquad (6.40)$$

式中,Z_w 为云底高度。这种方法适合于单次降水事件的应用。

(2)冲洗率法

假设雨区外的污染物体积浓度为 c_0,雨区内为 k_0(如图 6.4),则有湿沉积通量:
$$F_{\mathrm{wet}} = k_0 I = w_r I c_0 \qquad (6.41)$$

式中,I 为雨强(mm/h);w_r 为冲洗率(washout ratio),一般取值范围 $3 \times 10^5 \sim 10^6$,中值为 6×10^5。冲洗率法适合于长时间平均的计算,可消除单次过程的不确定性。

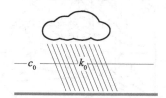

图 6.4　雨区内外的浓度与湿沉积有关

6.3　污染物扩散的近源影响

对典型的污染物烟囱排放场景,烟气离开烟囱后并不总是向上抬升。有时会受到烟囱本身以及附近建筑的扰动,使烟气经历一段特殊的近源扩散过程。其中研究较多的是烟囱下洗作用。这是烟气热力作用较小、环境风速较大的情况下发生的现象。烟流排出烟囱口后,受烟囱背风面负压区吸引,会降低一段高度,称为下洗(downwash,图 6.5)。下洗的经验公式为:
$$h_{\mathrm{d}} = 2(w_0/\bar{u} - 1.5)D \qquad (6.42)$$

式中,w_0 为烟气出口速度,$\bar{u}$ 为烟囱口风速,D 为烟囱内径。公式显示,出口速度大于风速的
1.5 倍则下洗不发生,否则按上式计算下洗值 h_d。

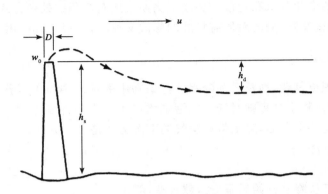

图 6.5　烟囱下洗示意(引自 Hanna et al.,1982)

如果烟囱附近有建筑,排放的烟流也可能需考虑其扰动。建筑对气流的扰动十分复杂。
在迎风面、侧面、顶面和背风面情况都有很大的不同(图 6.6)。备受关注的是背风面的尾流低
压区或空腔区(cavity zone),其中湍流混合作用强,烟流一旦被空腔区气流捕获,则很快混合
铺开到地面。这会使烟囱高架排放源的特征尽失,形同一个大的地面面源。因此烟囱设计尽
量避免被建筑尾流空腔区捕获。一般认为烟囱高度如果达到建筑高度的 2.5 倍以上,则不会

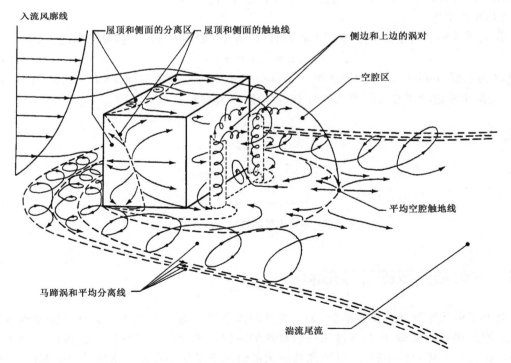

图 6.6　边界层内钝体绕流示意
(引自 Hanna et al.,1982)

受此影响。假设建筑的宽和高为 W 和 H,取 $\xi = \min(W, H)$,建筑附近有效烟云高度 h_e 的计算方式如下。

(1)按(6.42)式计算下洗修正的烟气高度 h':$h' = h_s + h_d$

(2)如果 $h' > H + 1.5\xi$,则 $h_e = h'$,烟云不受尾流影响。

(3)如果 $H < h' < H + 1.5\xi$,则 $h_e = 2h' - (H + 1.5\xi)$。

(4)如果 $0.5\xi < h' < H$,则 $h_e = h' - 1.5\xi$

(5)如果 $h' < 0.5\xi$,则当作 $h_e = 0$ 的地面源,面积为 ξ^2。

除了上述情况,还有一些特殊的近源过程。一是重烟气情况,也就是烟气的密度大于空气密度。这时排出或泄漏出的烟气会下沉并顺着地面摊开。另一种情况是液化气体,泄漏后气化吸热,也具有重气扩散特征。这些初始扩散过程都需专门处理。

6.4　复杂地形条件的污染扩散

前面章节介绍大气边界层时,为了突出重点,对情况进行了理想化的条件限制,即均匀、平坦地形。这样边界层内各变量的水平变化可不考虑,而集中考虑垂直变化。这种简化有点误导作用,使大家以为边界层只有垂直变化。实际大气下垫面的均匀、平坦是有限的,非均匀地表和起伏地形是常见的。所有偏离均匀、平坦这种"简单地形"的情况都可列入"复杂地形"一类。复杂地形英文为 complex terrain,是气象学研究中涉及面很广的词。

复杂地形可分为三类,一是地面平坦或接近平坦,但地面属性变化,如沙漠与绿洲、城市与郊野、平原陆地与水面(海、湖),等等。第二种是陆地的地形起伏。第三种是前二者的叠加,如海岸附近既有海陆的差异,沿岸又有山地起伏。

边界层研究中伴随简单地形的另一个常用假设是时间"定常",也就是说各变量随时间不变。必须看到,空间上水平均匀、时间上定常的条件是很严格的。边界层研究为了排除其他干扰,突出主要特征,才选这些理想条件作为案例。在复杂地形条件下,非定常问题也经常相伴出现。真实大气的情况就是如此。

6.4.1　水域附近的污染扩散

(1)水域附近气象特征

水陆交界,是典型的地表性质反差。水域和陆地表面具有以下几方面的显著差异,造成其上大气性质的反差。①水-陆表面性质差异。相对于水面的开阔、平滑,陆面总是较粗糙、起伏,有植被障碍物等。这使陆面的粗糙度远大于水面,对空气的摩擦作用大。经常的后果是,水面和沿岸风速大,内陆风小。②水-陆热性质差异。这主要表现在水和土壤等陆面固体介质的体积比热容量上。水的热容量远大于土壤和岩石。③水具有流动性,可以通过流动交换,在更大的厚度层存储能量。陆地固体的上下热交换慢,往往只有表面薄层快速加热或冷却。④水面相对有更多的蒸发,吸收更多的潜热。所有这些就构成了水面和陆面大气的热力和动力边界条件差异。而空气密度比水陆介质密度小 3 个量级,感受到这种差异就会有活跃的响应。沿岸地区就是水-陆-气三者的交界处,通过水-气和陆-气相互作用,气象过程把海-陆相互作用扩展到更广阔的空间尺度上。

由于水陆的差异,沿岸地区最显著的气象特征就是海陆风或湖陆风。这也是最经典的局地环流或中尺度环流。海陆风实际上是海风（sea breeze）和陆风（land breeze）的统称，湖陆风亦然。沿岸地区晴朗白天经常感受到从海面吹向陆地的风，是为海风。夜间情况相反，风从陆地吹向海上，称为陆风。本质上，海陆风是海陆热力差异驱动的大气环流。以白天为例，海、陆接收同样的太阳辐射，上述海陆的种种差异导致陆面快速升温，但海面温度变化很小。陆面低层大气接收到的地面感热通量也就远远大于海面大气。陆面边界层（不稳定边界层）内整体加热造成气柱膨胀和质量逸散，从而低层气压相对降低，但高层气压相对升高，如图 6.7。海面因为温度变化小，气柱情况基本维持不变。这样水平气压梯度力就推动上下层水平环流的启动。陆面的气流辐合抬升和海面的辐散下沉也对应出现，形成完整的环流。夜间情况相反，陆面由于长波辐射而冷却，但海面则因为其深厚的储热层而减温缓慢。于是与白天相比，出现海、陆互易的热力效果，陆风环流形成。不过由于夜间海陆温差较小，陆风的强度和范围都比海风的小。

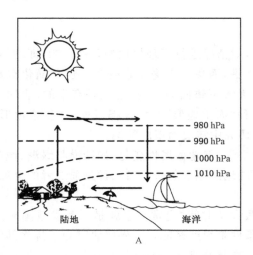 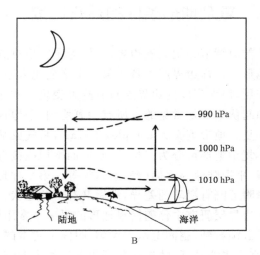

图 6.7　海陆风环流对应的气压驱动场
（引自 Moran and Morgan，1989）

　　对海陆风的研究历史久远。大气动力学的中尺度应用也经常把海陆风作为典型案例。海陆风的现象与过程总在研究分析的清单内，因为各地海岸的分布情况变化多端，现象与过程也就各不相同。海陆风机理的研究是另一方面。其他因子对海陆风的影响也是重要的研究内容，包括海陆热力驱动因子的作用、外部天气系统的作用等。图 6.8 给出了理想的海风环流各组分结构示意。中尺度气象模式成为研究海陆风的有力工具，可以呈现特定地区的海陆风及边界层演变过程。图 6.9 为对海南岛的模拟实例。这一大岛整体作为陆地和山地，高出周围海面，形成更强的反差。早上陆风叠加山风流出海岛，与海上盛行风相遇，形成明显的辐合带。午后海风从岛的两侧向中部发展，最后在海岛中部辐合，形成横贯全岛的强烈辐合带。

　　注意实际海岸地区的风是各种因素作用的结果。有时难以界定纯粹的海风或陆风。例如图 6.9 海南岛的情况，全岛受偏东北背景气流的影响，迎风面和背风面海陆风的发展特点就有所不同。白天背风面的海风特征甚至更强。另外海岛中部山脊高耸，海风与上坡风的发展正好是一致的，起到相互加强的作用。这时较难区分究竟是海风还是坡风的影响。

　　对大气扩散而言，沿岸地区的局地或中尺度环流构成污染物传输、搬运的背景条件。边界

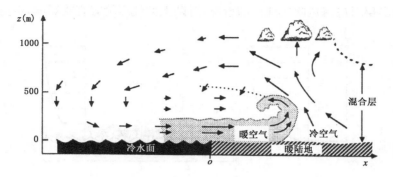

图 6.8　海风入侵内陆的气流结构示意(引自 Stull,1988)

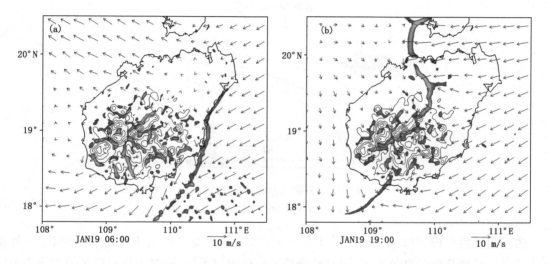

图 6.9　海南岛陆风(a)与海风(b)模拟个例的流场与辐合区结果
(引自张振州 等,2014)

层和湍流则对局部污染特征起作用。沿岸地区最有特点、对污染扩散有重要影响的是热内边界层。

(2)内边界层和热内边界层

内边界层(internal boundary layer)是边界层内分化出来的又一重边界层。这实际可从边界层的原始图景找到踪迹:在半无穷平板上形成的边界层,是沿下风向发展的(见图 3.8)。如果遇到地面性质的突变,大气将适应新的下边界,发展出新的边界层,如图 6.10。从这个角度来说,气流越过不同性质的表面,每处生成新的边界层、组成多重内边界层的情况是典型的(图 6.11)。

地面动力和热力性质的不同影响造成内边界层现象。动力方面主要是粗糙度性质的改变,例如从草地到森林,或者从陆地到海面,等等。热力方面主要表现为温度的不同,最后反映为下垫面对大气的热通量不同,加热状况不同。这些差异一方面会影响平均流动,即风场,另一方面会影响边界层温度层结和湍流状况。相比于动力作用,不稳定条件下的热力作用对边界层湍流的影响往往是决定性的,称热内边界层(internal thermal boundary layer)。而且这种不稳定内边界层对应海风吹向陆面的情况,对陆上大气环境有直接影响,也更受关注。

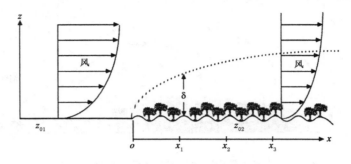

图 6.10　地表性质突变伴随的内边界层

（引自 Stull,1988）

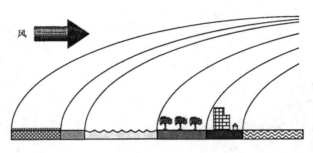

图 6.11　复杂地面的多重内边界层

（引自 Stull,1988）

　　热内边界层出现在海风或向陆风时段。由于海面气层基本保持中性或弱稳定状态,气流登陆后底部受到强烈的摩擦和加热作用,开始形成热内边界层,同时边界层高度随着深入内陆的距离而增长。一般将热内边界层的增长公式写为:

$$D(x) = Ax^{1/2} \tag{6.43}$$

式中,x 是越过海岸线的距离,A 是经验系数。

　　热内边界层对沿岸大气扩散有特殊意义。由于热内边界层从海岸处开始发展,起始高度很小。这使沿岸的高架烟囱排放都处于海上来流的中性和稳定气层中向内陆扩散,基本维持扇形扩散形态,垂直扩散很小。但随着热内边界层沿着深入内陆方向不断增高,会达到烟云的高度。此时边界层内强烈的湍流会把高层聚集的污染物快速卷入,形成熏烟和地面高浓度污染(图 6.12)。

　　这种沿岸熏烟与内陆地区早上的熏烟有所不同。前者是边界层的空间变化造成的(边界层高度是下风距离的函数),后者是边界层的时间变化造成的(边界层随时间而增高)。由于早上边界层一般发展较快,对应的熏烟也会很快结束。沿岸熏烟的热内边界层结构可以长时间持续,对应整个海风时段。因此沿岸熏烟的危害也更大。另外注意热内边界层高度随下风距离的 1/2 次指数变化,增长很慢。所以熏烟可以发生在远离海岸线、远离排放源的内陆位置。图 6.12 标出距离海岸 7～8 km 外的熏烟,数值有合理性。

　　对沿岸持续熏烟,可按不同下风距离分三段用高斯模式进行浓度估算。

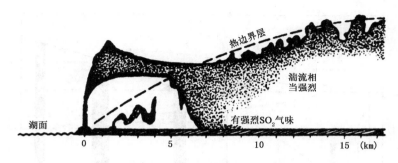

图 6.12　热内边界层和沿岸熏烟示意(引自李宗恺 等,1985)

第一段,烟流排出后在高层稳定气层内扩散,可忽略热内边界层的影响,此时完全按高架点源的烟流模式计算浓度,取稳定条件的扩散参数。

$$\bar{c}_1(x,y,z) = \frac{Q}{2\pi u\sigma_y\sigma_z}\exp(-\frac{y^2}{2\sigma_y^2})\{\exp[-\frac{(z-h)^2}{2\sigma_z^2}] + \exp[-\frac{(z+h)^2}{2\sigma_z^2}]\} \quad (6.44)$$

第二段,烟云下边缘接触到热内边界层,熏烟开始。此时可借用早晨熏烟的处理,认为垂直方向被热内边界层切入的那部分烟流立即在边界层内形成均匀分布。故有:

$$\bar{c}_2(x,y,z) = \frac{Q'}{\sqrt{2\pi}u\sigma_{yF}D(x)}\exp(-\frac{y^2}{2\sigma_{yF}^2}) \quad (6.45)$$

$$Q' = Q\int_{-\infty}^{p}\frac{1}{\sqrt{2\pi}}\exp(-\frac{p^2}{2})\mathrm{d}p, p = \frac{D(x)-h}{\sigma_z(x)_{\text{stable}}}$$

式中,σ_{yF} 是熏烟过程的扩散参数,它既不是稳定层的、也不是不稳定层的,是一个折中的量。

第三段,当 $p = 2.15$,即 $D(x) - h = 2.15\sigma_z(x)_{\text{stable}}$,烟流完全进入热内边界层,熏烟结束,可按垂直方向均匀混合的陷阱型扩散计算:

$$\bar{c}_3(x,y,z) = \frac{Q}{\sqrt{2\pi}u\sigma_y(x')_{\text{unstable}}D(x)}\exp[-\frac{y^2}{2\sigma_y^2(x')_{\text{unstable}}}] \quad (6.46)$$

这里扩散参数取边界层内不稳定层的值 $\sigma_y(x')_{\text{unstable}}$,但扩散下风距离 x' 需要修正。因为扩散前 2 段是按稳定和熏烟的扩散参数(速率)进行的,并不是一直按不稳定的扩散参数(速率)扩散。因此需要取一个虚点源,原点为 x'_0,用不稳定的扩散参数将烟云扩散推算到第 3 段开始时的尺度,然后再继续第 3 段的扩散,如图 6.13。

上述方法虽然显得粗糙,获得的定量浓度结果仍然具有实际应用意义。

(3)沿岸影响扩散的其他因子

沿岸地区作为特定的实际场景,影响扩散的因素很多。前述热内边界层只是最受关注的因素之一。其他因素大概列举如下。一是边界层的时空演变。显然随着海陆风的日夜循环,边界层也随时间变化。但海陆空间非均匀性与时间变化相叠加带来更复杂的效应。二是海陆与地形的联合效应。这二者常常是不可分的。地形的复杂性和许多地点的独特性严重影响局地和中尺度气象过程。三是沿岸降水过程的影响。由于海陆风锋面和地形抬升等因素,沿岸往往有局地性的降水,这对污染物的扩散沉积等都有重要作用。四是垂直运动与边界层上下层空气的交换。这是一个重要的学术问题,但边界层研究较少涉及这一方面。海陆风循环经常造成沿岸的垂直运动,如海风锋面抬升以及诱发的对流和云的抽吸过程。污染物可借助抬升过程进入边界层以上的大气从而参与长距离传输。这些因素都对污染扩散、传输有重要影

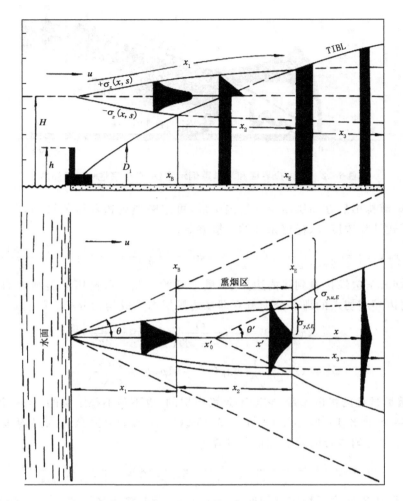

图 6.13　沿岸熏烟的高斯模式三段计算

（引自蒋维楣 等，2003a）

响，需要适当的模拟工具进行研究和分析。

在理论研究中，水陆交界条件往往理想化为直线海岸的情况。实际海岸则远为复杂。因此教科书式的典型热内边界层、海陆风条件往往并不多见。图 6.14 显示了山东某地的实际海岸和 3 个观测站点的布设情况。三个站都开展了探空观测以了解边界层高度。如何从观测资料整理当地热内边界层的特征则有一定的困难，因为沿着测站连线的风向是很少的。图中使用了反向轨迹分析方法，获得每个站点白天各次探空的边界层高度所对应的气流登陆后的路程，从而统计热内边界层高度与气流登陆风程的关系，如图 6.15。可见结果虽然较离散，但热内边界层高度的确随上风风程有 $\sim x^{1/2}$ 的关系，且结果与 Durand 的经验关系更为接近。

6.4.2　山区污染扩散

（1）山区气象特征

山地气象也是一个专门学科分支。山地在全球陆地系统中占有重要地位，同时山地气象

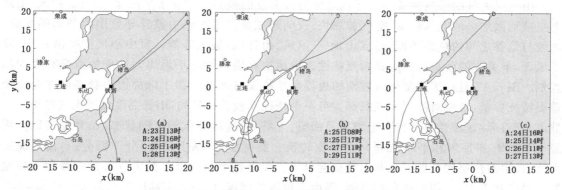

图 6.14　山东沿海 3 个探空观测站和反向轨迹实例

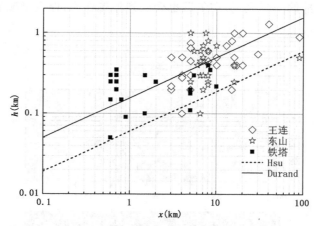

图 6.15　边界层高度(h)与上风向陆地风程(x)的关系

（Hsu 和 Durand 的公式分别为 $h = 5.0x^{1/2}$ 和 $h = 1.9x^{1/2}$）

具有变化多样的特性。图 6.16 显示了北京周边数百千米范围内的地形,可见"复杂地形"一词对山地来说是多么恰如其分。

图 6.16　北京周边数百千米范围的地形

　　山地对大气的影响主要在于不同地区海拔高度的差异。相对于平原地区来说,白天,山地上空被地面加热的空气较少,空气加热快;夜间则相反。这种热力差异导致山地与周围平原、山坡与低谷之间的热力环流,形成山地-平原风、山谷风、坡风等等。对中小尺度扩散过程,除了风场,最关心的就是边界层和湍流特性。山地边界层特性与平坦均匀地形的情况有很大的差别。图 6.17 显示了典型山地坡面的边界层结构及日变化。图中以周边山脊高度作为一个重要特征参量,自由对流层大气底部为另一个特征参量。一日间,山脊高度以下大气经历了下坡风、下谷风/区域性风/冷池、上坡风及回流、上谷风/区域性风等流动状态,山脊高度以上则经历了山地-平原风和平原-山地风的日夜转换。温度层结(从上到下)分 3 部分:自由对流层大气、自由对流层底部以下以及山脊高度以下。夜间整个山脊以下的大气形成深厚的逆位温层。早晨和上午,不稳定边界层发展,但由于坡风的回流,山脊以下高度形成多重逆位温结构。午后不稳定边界层发展到山脊高度。入夜,地面快速形成逆温,上层出现弱的多层温度结构。山脊到自由对流层底部的一层大气,在午后也会受到加热作用,稳定度减弱。

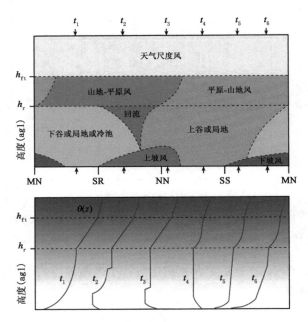

图 6.17   山地坡面的典型边界层变化 (引自 De Wekker et al. ,2015)
(h_r:周围山脊高度;h_{ft}:对流层自由大气底部;NM 午夜;SR 日出;
NN 中午;SS 日落。t_1—t_6 对应上图箭头的 6 个时刻)

　　山地也是地表-大气通过边界层相互作用的重要场所,特别是为污染物进入上层大气提供了通道。图 6.18 给出了白天山地边界层与上层大气的关系。注意边界层厚度并不是地形随动的。发展成熟的不稳定边界层,一般山脊上空较薄,山谷中较厚。与边界层顶的逆位温对应,污染物浓度在边界层之上急剧减小。山脊形成的通风效应、边界层斜面上的平流通风效应以及山地对流云的通风效应共同构成污染物从边界层向高层输送的通道。因此一个地区污染物形成的霾层厚度往往比边界层厚度大,因为有不同机制使污染物不断向上层逸散。

　　山地水平温度场成为局地风和环流的驱动因子。垂直温度层结方面,山谷中的逆温最受关注。山谷夜间会形成深厚的逆温层,而早上地表加热时,谷底的不稳定边界层发展却很慢。

因为山谷两侧同时加热的空气会很快形成上坡风,将谷底边界层内的空气沿山坡抽吸出去。这样,只有当山谷中央悬浮的稳定气层"核"被白天加热的不稳定大气从四周甚至上部完全侵蚀消散,山谷底部的逆温层才彻底消失。这使得谷底上空有长时间持续的逆温,对污染物扩散很不利。

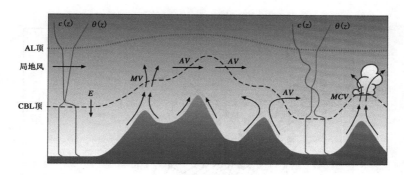

图 6.18　白天山地边界层与上层大气的关系示意(引自 De Wekker et al.,2015)
(E—卷夹;AV—平流;MV—山地;MCV—山地云;$c(z)$—浓度;$\theta(z)$—位温;
虚线—边界层;点线—霾层)

山地风场方面,除了成规模的上下坡风、山谷风之外,还有一些局部的扰动或流动。如小的地形起伏对气流的扰动。流体力学中对层结流(稳定气层)经过山脊或孤立山体的扰动有过切实的研究。迎风面的阻塞和背风面的涡流以及适当条件下背风面的水跃和绕过山体的涡街现象都可能发生(图 6.19)。流动的佛罗德数 Fr 是这些问题中的关键参量。另一方面,夜间坡面上经常出现贴地薄层的下泄流(或下泄流,drainage)。这种流动与贴地层的夜间冷却有

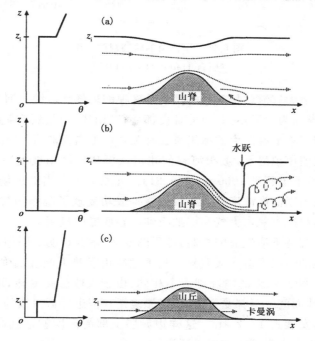

图 6.19　层结流与地形的关系(引自 Stull,1988)

关,是一种典型的重力流或密度流。流动的厚度仅几十米或一百多米,顺着坡地流向低处。图 6.20 显示了这样一个流动的例子。观测的气球运动轨迹表明这一气流大约只有 50 m 厚,沿着山坡流向谷底,水平距离约 1 km,落差约 150 m。这类流动当然对局地小尺度扩散有重要影响,值得关注。

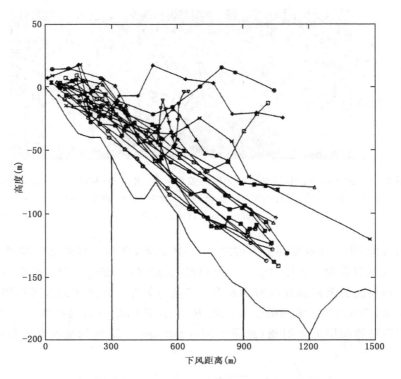

图 6.20　下泄流的轨迹观测个例
(引自 Hanna et al.,1982)

　　一个反映复杂山地大气流动特殊性的例子是珠穆朗玛峰北坡绒布河谷的冰川风。与通常山谷中白天为谷风、夜间为山风不同,当地日夜都盛行"山风"(风从河谷上游吹向下游),而且白天的风更强。这与河谷上游巨大的冰川覆盖有关。这里白天的所谓"山风"其实是大型冰川上特有的冰川风。数值模拟显示,绒布河谷的冰川风可从珠峰山坡上一路向下,在 7~8 km 的水平距离上,沿河谷下沉超过 1000 m(图 6.21)。北京大学在当地现场观测到冰川风现象,并发现了伴随冰川风出现的高浓度臭氧。数值模拟成功复现了观测的气象现象,并用冰川风的下沉作用解释了高浓度臭氧由大气高层抽吸到河谷低层的机制。

　　至于冰川风日夜维持下泄气流的机制,可用图 6.22 示意说明。图中冰川覆盖的山体在夜间的情况与普通山地的情况没有太大差异。只不过冰川吸热可能会加强山坡上空气的冷却,进一步增加山风的影响。白天的情况则大不相同,由于吸收融化潜热,冰面温度最高不超过 0℃。这使接近坡地冰面的气温都受到制约,增温缓慢。但远处低海拔的河谷裸地则会正常加热,产生对流边界层,发展到 1~2 km。这样边界层上部的温度就远远高于山坡冰面处的气温,强烈的温差激发出白天强烈的冰川风环流。

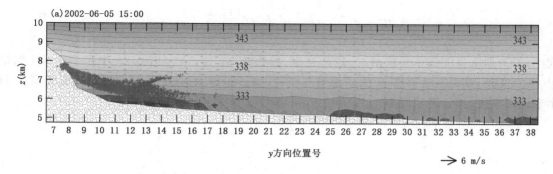

[彩]图 6.21 珠穆朗玛峰的冰川下坡风模拟实例:位温、风矢量和扩散示踪粒子
(引自 Cai et al.,2007)

[彩]图 6.22 冰川风日夜维持,对应的边界层流动示意

这些情况说明,山地气象的地方性很强。每处具体地点的气象过程都有必要结合一般原理和特别地表、地形条件进行具体分析。

(2)山区扩散计算

从山区风场、温度场、湍流与边界层等方面来看,不易找到适合平直烟流模式的污染扩散条件。可能风场的影响是最直观的,例如,山区风场不均匀,风向有转折,则平直烟流模式预测的直线路径就完全失效。因此,山区污染扩散模拟可能至少要用到时空变化的风场。

当然,如果地形不是太复杂,例如河谷或盆地底部相对平坦开阔的地带,地形稍有起伏,而且计算的水平范围也不太大,则高斯烟流模式也仍有一定的实用性。不过,遇到地形起伏时烟流轴线的高度如果不变(维持水平),则有可能直接接触山体,计算的地面轴线浓度就是烟流轴线浓度。这可能使浓度高估。因此实用中提出了烟轴高度的修正方案,如图 6.23。方案中烟流轴线高度既不是地形随动的,也不是水平不变的,而是一种折中。这样,若假设地面全反射,地面浓度可写为:

$$\bar{c}(x,y,z=0) = \frac{Q}{\pi u \sigma_y \sigma_z} \exp\left(-\frac{y^2}{2\sigma_y^2}\right) \exp\left(-\frac{(TH)^2}{2\sigma_z^2}\right) \tag{6.47}$$

$$T = \begin{cases} 1 - \dfrac{h_t}{H} + K\,\dfrac{h_t}{H} & (H > h_t) \\[2mm] K & (H \leqslant h_t) \end{cases}$$

式中，T 为烟流高度修正系数；h_t 为地形高度，系数 $K \in (0,1)$。图 6.23 中是 $K=0.5$ 的结果，其意义是：烟流有效高度 H 大于地形高度时，烟云距地面为 $H - H_t/2$；烟流有效高度 H 小于地形高度，烟云距地面为 $H/2$。

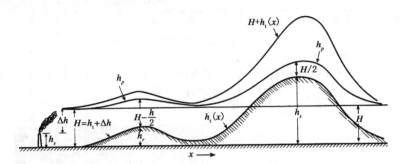

图 6.23　高斯公式的轴线地形修正（引自蒋维楣 等，2003a）

6.5　模式与应用问题

　　现在认识大气污染物过程越来越依赖于大气扩散模式，或广义的空气质量模式。模式经历了一个发展的过程，适应越来越高、也越来越复杂的应用要求。例如，从关心单个源，到整个城市，再到多个城市和整个中尺度区域；从静态浓度、统计平均、最大浓度估算等，到浓度场时空变化分析，再到浓度预报等。应用场景还可区分为常规排放和事故应急条件、不利污染条件预测和污染控制效果分析等。在模式系统日趋复杂的今天，了解污染或扩散模式的发展进程和应用中需注意的问题是必要的。

　　现有的大气扩散模式处于 1 代、2 代、3 代并存的状态。第一代模式主要考虑大气扩散过程。第二代更多加入了化学污染过程，但与扩散过程是分别处理的。第三代希望把扩散、化学等过程结合到一起，并且与气象模式有更密切的联系。这样，第三代模式可以同时考虑气象与污染过程，包括污染物的大气辐射效应等。

　　模式的应用范围很宽，当然最常见的还是进行污染现状的定量解释，利用模式分析污染的时空变化、污染来源等。由此也可确定重大污染源、找出治理方向。模式的作用还表现在可进行预评价，预测治理措施的效果、新增项目污染源的环境影响后果等。这样，模式应用也就顺理成章地进入环境规划和管理领域。预先进行模式预演，可指导地方污染排放和环境标准的制定。另外，短期严重污染的预警、预报，以及事故应急响应的快速预报等，也有广阔的应用前景。

　　应用中面临的问题之一是选用适当的模式。应该使用与研究的问题以及研究目的相匹配的模式。复杂模式的使用成本较高，包括人员学习使用模式的成本。模式结果的分析解读是另一个重要的方面。模式选择应考虑：①研究问题的尺度；②是回顾性分析还是预报；③单一源还是复杂源；④污染物化学性质，等等。

　　无论何种模式的使用,都会涉及以下几个方面:①研究区域气候-气象背景、污染气象条件;②当地和区域污染源条件;③环境现状的已有监测结果;④模式的具体运用和结果分析技能。

　　原则上,污染源在大气环境问题中的作用是决定性的,因为后续的污染浓度都取决于源的排放。从另一方面来看,社会正常运行,生产生活过程中的污染排放在相对短的时段内又是基本不变的。例如,北方地区的排放源都区分采暖期和非采暖期。冬季采暖期的燃料使用量增加,污染排放量也相应增加。但不论采暖期还是非采暖期内几天或 1~2 周内的排放量基本维持不变。这样,较短时间内区域污染浓度就取决于气象条件。所以,一些导致重污染过程的天气、气象条件就特别受关注。这也正是本学科介绍逆温、稳定度、湍流、边界层等一系列概念的原因。这些信息与风、温、气压、湿度、云、降水、辐射等资料一起,构成当地的基本气象背景。

　　当然,污染气象条件一定是区域性的,而不是单点的。因为大气扩散本就是一个时空变化的过程。前面的章节一直忽略气象条件的空间变化,是一种简化或理想化处理。对于有多个气象测站的区域,分别对每个测站资料进行统计分析,可获得区域气象条件的变化特性。如风向-风速频率分布等,会随区域内的位置不同而变化。

　　在局地或单点大气扩散问题中强调湍流和边界层的影响。与此不同,在区域污染过程中更重要的是风场或大气流动特性。借助观测资料和诊断模式对风场和物质输送轨迹进行分析,是掌握中尺度区域大气流动以及扩散输送规律的有效方法。北京大学在这方面进行了大量的应用研究,在数十个研究区域(包括北京、广州、石家庄、宁波等城市,以及浙江海盐、福建莆田、甘肃 404 厂等地区)系统分析大气流动与输送规律。例如,图 6.24 显示了西安所在的渭河盆地近地面大气流动的典型日变化。可以大致看出夜间向盆地内汇合、白天向四周山地(特别是盆地北坡)辐散的流动变化。根据长期资料,可以了解这类流动以及其他不同类型流动在当地的出现频率。而由风场计算轨迹,可进一步分析污染物的输送方向、路径,以及不利扩散条件的往复输送情况。图 6.25 显示了以西安城区为出发点的输送轨迹。可见系统大风类流动条件下污染物主要从盆地西北方向输出,局地环流类流动条件下,污染物在盆地内往复输送且聚集于盆地偏南一侧。这些结果对认识当地基本输送扩散特征是有意义的。

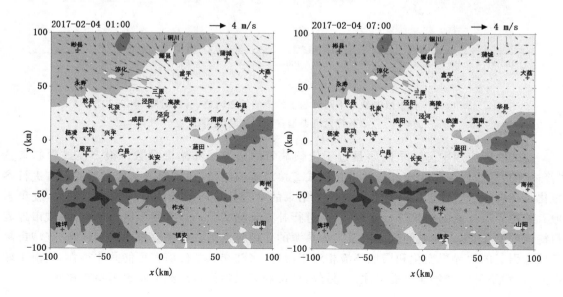

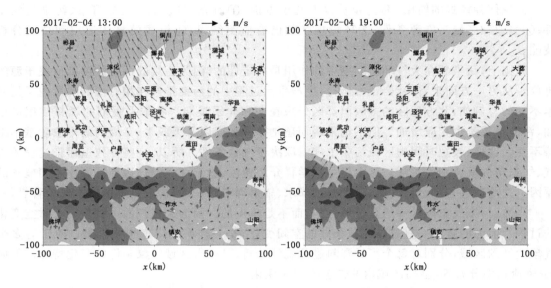

图 6.24　西安—渭河盆地的典型风场日变化(引自胡洞 等,2020)

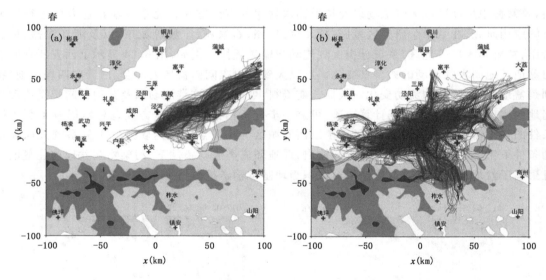

图 6.25　春季西安地区不同风场条件下的扩散轨迹(引自胡洞 等,2020)
(a)系统大风类型;(b)局地环流类型

　　模式实际应用中另一个问题是过于依赖缺省的边界层和湍流参数。很多模式看起来是"普适"的,但边界层和湍流参数并不是模式直接求解的结果,而是通过其他区域的观测进行参数化。在应用于特定区域时有必要对这些结果的合理性进行检验或分析判断。例如,收集当地有关边界层探测的结果进行比较,甚至进行补充观测实验。当应用于城市地区时,城市地表粗糙度的变化、热力性质的改变以及人为热源的作用等也需在结果分析中特别注意。(城市热岛效应引起的边界层变化和局地环流相对于山地、水陆交界条件而言可能并非很强,但由于城市人口、污染排放密集而更受关注)。另外,城市和区域污染排放源清单也需检查核实。

　　早期也将简单高斯模式应用于城市复杂排放源条件。这时需将源进行适当分类,主要是点源、线源、面源。另外需对高斯模式作一些变形处理,以适应源的条件。以下简要介绍相关思路。

　　首先是对线源情况的处理。考虑无穷直线线源,源高 h,源强 Q',风向与其垂直,风速为 $\bar{u}$。取线源 y' 上任一个单元(线源元),长度为 dy',将其看作一个源强为 $Q'dy'$ 的点源。设地面全反射,它对下风向 $(x, y' = 0, z)$ 的浓度影响为:

$$dc = \frac{Q'dy'}{2\pi u \sigma_y \sigma_z} \exp(-\frac{y'^2}{2\sigma_y^2})\{\exp[-\frac{(z-h)^2}{2\sigma_z^2}] + \exp[-\frac{(z+h)^2}{2\sigma_z^2}]\} \tag{6.48}$$

对 y' 积分有:

$$c = \frac{Q'}{\sqrt{2\pi}u\sigma_z}\{\exp[-\frac{(z-h)^2}{2\sigma_z^2}] + \exp[-\frac{(z+h)^2}{2\sigma_z^2}]\} \tag{6.49}$$

对地面浓度,$z = 0$,有:

$$c = \sqrt{\frac{2}{\pi}}\frac{Q'}{u\sigma_z}\exp[-\frac{h^2}{2\sigma_z^2}] \tag{6.50}$$

此公式与点源的侧向积分浓度公式形式相同,但源强不同,Q' 为线源源强。对于风向与线源成其他角度的情况,不能获得简单可行的解析解,而需使用数值方法求解。

> 什么是数值方法?为什么没办法时总是用数值方法?

　　对于面源,介绍 2 种处理思路。其一是虚点源方法。设一边长为 L 的面源,源强为 q,源高为 h。假设该面源对下风向的影响等效于上风向 A 处一个虚拟点源的作用(图 6.26)。虚点源的源强等于面源的总排放强度,即:

$$Q = qL^2 \tag{6.51}$$

虚点源与面源中心的距离是:$x_{0y} = 2.5L$。取这一数值的意义是,面源对虚点源的张角大约为 22.5°,即一个风向方位的角度。这样,侧向扩散参数修正为:

$$\sigma_y(x') = \sigma_y(x + x_{0y}) \tag{6.52}$$

　　对于垂直扩散参数,可以假设另一个虚拟位置,令烟云扩散到面源中心时其 σ_z 与当地建筑高度 H 相当,即如:

$$\sigma_z = H = c_1 x_{0z}^d \tag{6.53}$$

由此解得 $x_{0z} = \left(\frac{H}{c_1}\right)^{1/d}$。这样,面源下风向的垂直扩散参数修改为:

$$\sigma_z(x') = \sigma_z(x + x_{0z}) \tag{6.54}$$

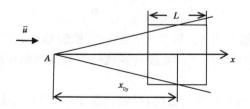

图 6.26　面源的虚点源位置(A)示意

可见,虚点源模式只需把坐标原点从面源中心移到上风向 x_{0y} 和 x_{0z} 处,就可以直接用点源模式计算面源下风向的浓度。这种方法简单易行。不过无法计算面源区域内的浓度变化,面源近距离的结果误差较大。

详细考察一个单独面源块内的地面浓度。假设外部来流浓度为 0,风向与源块一边垂直,则源块内部距上风边缘越远,受到源块影响的部分越多,浓度也越大,直到下风边缘,达到最大值,如图 6.27。下风向远离源块则浓度递减。

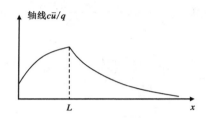

图 6.27　源块内部和附近的浓度变化示意

另一种在实用中有较大影响的方法是窄烟云模式。这种模式可以考虑源块内部和近处源块的不同影响,方法如下。假设大片面源区可划分为较小的面源块,相邻源块间源强变化不大。这样,相邻源块的烟流,其侧向扩散可以认为相互近似补偿,从而等效于无侧向扩散,即水平方向保持窄烟云,仅需考虑垂直扩散。如果计算每个源块中心的浓度,则本源块只受上风向半个源块影响,然后需叠加上风向其他源块的影响,如图 6.28。记本源块为 $i=0$,上风向各源块为 $i=1,2,3,\cdots$,各源块源强为 q_i。将面源垂直于风向的 $\mathrm{d}x$ 小条带作为线源元,则面源中心点的浓度是上风向不同距离的线源元作用的积分。又由于窄烟云假设,无侧向扩散,这段线源元可等效于无穷长线源的作用。因此,可以利用线源公式写出上风距离 x 处的线源元的作用为:

$$\mathrm{d}c = \sqrt{\frac{2}{\pi}} \frac{q\mathrm{d}x}{u\sigma_z} \exp[-\frac{h^2}{2\sigma_z^2}] \tag{6.55}$$

式中,$q\mathrm{d}x$ 为线源源强,公式中地面按全反射处理,q 泛指 $q_0,q_1,q_2,\cdots$ 中任一源块的源强。这样,可以写出本源块和上风向各源块的浓度贡献,以及总浓度,整理为:

$$c = \frac{1}{u}(c_0 q_0 + \sum_{i=1}^{n} c_i q_i) \tag{6.56}$$

$$c_0 = \int_0^{L/2} \sqrt{\frac{2}{\pi}} \frac{1}{\sigma_z} \exp[-\frac{h^2}{2\sigma_z^2}]\mathrm{d}x \tag{6.57}$$

$$c_i = \int_{(i-\frac{1}{2})L}^{(i+\frac{1}{2})L} \sqrt{\frac{2}{\pi}} \frac{1}{\sigma_z} \exp[-\frac{h^2}{2\sigma_z^2}]\mathrm{d}x \tag{6.58}$$

式中,L 同样为面源边长,源高为 h。该公式只要给出扩散参数 σ_z 的函数形式,就可预先把系数 c_0 和 c_i 积分求出。其后(6.56)式的浓度计算就变得极其简单快捷,只是上风向源块的源强和风速的简单函数。

对于风向与源块的排列不平行的情况,可以按照 16 个风向方位,人为规定上风向的影响源块路径,如图 6.29。这样就可以实现各面源块的浓度计算,获得整个面源区内的浓度变化。

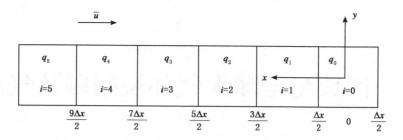

图 6.28　理想窄烟云模式的源块分布与风向

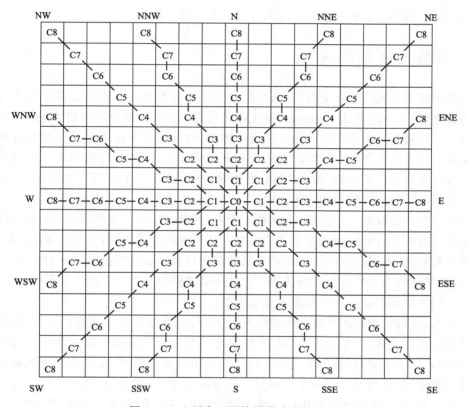

图 6.29　上风向面源块的影响路径设置

　　上述模式虽然现在实用价值有限,但处理问题的思路仍值得参考。另外,这些模式提供了简洁的计算途径,某些情况下,可以用来测试、验算复杂模式结果的可靠性。

第 7 章 区域与全球大气环境问题及气象背景

不同尺度的大气环境问题都与气象过程有关。区域和全球的问题都一样。本章仅仅把这些问题的某些方面列出,作为进一步认识的参考。主要包括 5 个方面:污染物长距离输送、酸雨、臭氧耗损和气候变化,最后介绍中国的区域污染气象背景。

7.1 污染物长距离输送

污染物可以随着大气的运动输送到远处,这一点很容易理解。但长距离输送本身却是一个模糊的概念,因为长距离(long range)并无确切定义。它也经常与污染物的跨境传输或越境传输相混用。国境的尺度也是变化很大的量。因此,可以借助气象上的尺度划分理解大气过程和水平运动尺度的关系(表 7.1)。气象上大致划分为大尺度、中尺度和小尺度运动。最大尺度的运动与地球的尺度一致,为 10^4 km,即地球周长的尺度。在中纬度地区,大尺度的大气环流可在几星期的时间里绕地球一周。中尺度从 2 km 到 2000 km,范围很宽,大的一端与大尺度过程相重叠。如锋面气旋系统,可达数千千米,是典型的大尺度天气过程。中尺度过程里最典型的是局地环流,山地、海陆形成的中尺度大气环流随处可见,而又变化多样。2 km 以下称小尺度或微尺度,本课程前部介绍的边界层和湍流过程都在此列。这一分类是 Orlansky 的传统分法,当然其他人也仍有不同的认识。大气正是这样一个多尺度的运动系统。由此可知,污染物随不同尺度运动输送的大致距离或范围。

严格说来,污染物的长距离输送问题由来已久,甚至古已有之。如前所述,尘埃或沙尘是一种典型的自然排放的大气污染物。自然界中大气对尘土的搬运和输送作用是惊人的。例如,黄土高原的深厚土层,据认为就是远古经风的长距离输送作用,在这个位置沉积下来而形成的。这一学说称"风成说",与黄土层很单一均匀的土壤粒径特征相吻合。只有大气或风的输送才会形成对粒径的这种筛选作用。黄土层土壤正是这种适合长距离输送的粒径(大约 $4\sim8$ μm)。另外,非洲撒哈拉沙漠也是一个著名的沙尘源地。有研究认为,大西洋一些岛屿上土壤的形成与撒哈拉沙漠的沙尘输送有密切关系。长距离输送的另一个典型例子是火山大规模喷发的烟尘,由于进入对流程上层甚至平流层,同时排放量巨大,可以产生半球(或全球)性的影响。

> [为什么是半球?]
> [撒哈拉的沙尘吹向哪边? 为什么?]

图 7.1 给出了全球旱区分布和沙尘输送的主要方向。沙尘自然源主要与干旱区相关。沙尘作为天然示踪物,恰好标示了全球长距离输送的主要路径。平均而言,长距离输送的方向与

地球上的平均风带是一致的。由地球三圈环流的总体特征可知,大气具有低纬度的东风带、中纬度的西风带以及高纬度的东风带。大致按 0～30°、30°～60° 以及 60° 以上划分。这就造成各大陆几个特征输送方向:(1)亚洲总体向东输送,南亚向西输送;(2)非洲主要向西输送;(3)北美向东输送;(4)南美南部向东输送,南美北部(低纬度)向西输送;(5)澳大利亚总体向西输送(除了最南部以外)。

表 7.1　大气运动的尺度分类 (引自新田尚 等,1997)

尺度		TS ╲ LS	1月	1日	1小时	1分	1秒
天气尺度	大尺度	10^4 km	(厄尔尼诺的影响) 驻波,超常波,潮汐波 行星波,阻塞,赤道波				α 大尺度
		2×10^3 km		长波 (斜压波) 低压、高压			β 大尺度
	中间尺度	2×10^2 km		锋 台风 热带低压			α 中尺度
中小尺度	中尺度	2×10^1 km			海陆风 飑线内波 集中暴雨、雪 云团 地形波		β 中尺度
		2 km			雷雨风暴 重力内波 晴空湍流 都市化效应		γ 中尺度
	小尺度	200 m				龙卷,深对流 短重力波 积雨云	α 微尺度
		20 m				旋风 热泡(thermal) 高层建筑风	β 微尺度
						卷流(plume) 粗糙度 湍流,麦浪	γ 微尺度
↑ 日本的 分类		WMO 大气科 学委员会的 分类→	气候尺度	天气及 行星尺度	中尺度	微尺度	↑ Orlansky 的分类

当然,上述输送方向都是长时间统计平均意义的结果,或者说是气候学统计意义的结果。至于特定季节或者特定天气过程的输送方向有很大的不同,是不足为奇的。另外,从平均环流看,大气主要是纬向运动,并没有直接向极地的输送。但污染物向极地的输送是一个事实,南极和北极都已发现某些人为污染物的痕迹。定量化此过程是一个人们很关心的问题。一般认为,北半球由于陆地(大陆)相对较多,对大气的扰动作用也大,大气的纬向运动会出现波状的

南北振荡。这种过程会有利于物质的南北交换。地面高压系统的后部也会有系统性的北向流动。这些都可能是污染物向北极地区输送的条件。南极周围绝大部分是海面，大气受到的扰动少，环流很平直，也就是说以纬向流动为主。所以大气波动的作用可能并不重要。但南极是一个矗立于四周海面上的大陆，在漫漫极夜中，冰雪覆盖的陆面寒冷而光滑，会形成系统性的下坡风或下泄流（drainage），从大陆中央流向四方，而且可以持续数月之久。这样上空的补偿气流就会从四周流向南极。据认为这是污染物向南极输送的重要机制。

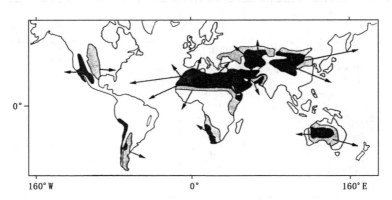

图 7.1　全球旱区分布与沙尘输送方向（引自 Whelpdale and Moody,1990）

地球上的风带有明显的季节变化。从图 7.2 中赤道辐合带的冬夏变化可见一斑。如果认为赤道辐合带代表了低纬度东风带的轴线，可见这一轴线冬季南压、夏季北抬。而且各处冬夏变化的幅度不同，总体是海上变化较小，陆地或受陆地影响的区域变化大。其中特别值得注意的是南亚区域，夏季北抬幅度最大，可能与欧亚大陆以及青藏高原的作用有关。事实上，低纬度东风带与季风、海洋副热带高压的作用密切，并相互影响。当风带与大范围的季风系统相关联时，输送过程会变得十分复杂。

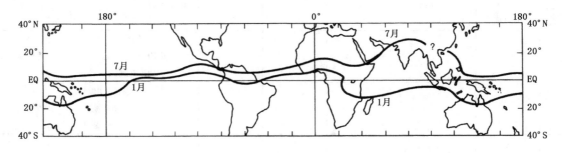

图 7.2　赤道辐合带的冬夏变化（引自 Moran and Morgan,1989）

如所有污染问题一样，长距离输送也需要了解污染源的情况，并定量化。并不是所有排放进入大气的物质都会参与长距离输送。这就需要确定总排放源的有效长距输送部分（有效源）。一般而言，人为源都排放在边界层大气中（1～2 km 以下）。由于湍流混合作用，边界层内整层的污染物会不断与地面接触，干沉积作用强。低层大气还会经常受到降水的清洗和湿沉积作用。同时边界层内风速也较小。只有当污染物逸出边界层，才能避免干湿沉积作用、并且由边界层之上较大的风速有效地进行长距离输送。这一过程中，污染物如何实现边界层与自由大气的交换就成为重要的研究议题。污染物进入上层大气的量则认为是参与长距离输送的有效源强。

污染物长距离输送虽然关心的主要是水平传输过程,但大气垂直交换却在其中起到重要作用,如前面提到的有效源问题。另一方面,长距离输送最终关心的还是对地面附近环境的影响。因此,污染物如何经垂直交换过程重新进入边界层,或者污染物长距离搬运后向地面的沉积也是关注的重点。

影响长距离输送的其他因子还有云和海岸带。云的作用很复杂。首先,云中有很强的垂直运动,正好是一种垂直交换机制,会影响污染物在边界层上下的交换,对长距离输送的开始、沉积终结都有重要意义。途中遇到云还会改变污染物输送的高度(非绝热过程)。另一方面,云物理和与云相关的湿沉积作用对污染物也有重要作用。海岸带则是全球人口、城市、经济的密集区,也是污染物的主要排放地带。同时,海陆交界条件会促成局地大气环流的形成,相伴随的垂直运动和激发的沿岸地形降水都对长距离输送有重要影响。当然,污染物长距离输送过程中的化学转化、干湿沉积作用绝对是必不可少的。输送的距离远、时间长,正是这些过程起作用的场合。

总体而言,污染物长距离输送涉及的过程复杂,影响因素很多。特别是大气的多尺度运动特性,不同尺度的过程都会起到一定的作用。除了前面提到的气候平均风带和季节变化之外,天气尺度的回流(circulation)过程也特别值得一提,因为它们使污染物有长距离输出后重返源地的可能性。

污染物长距离输送的定量计算当然是重要的。这需要用到欧拉网格模式。拉格朗日轨迹方法也经常用于输送的定性分析。一般轨迹计算中认为,气块沿等熵面(即等位温面)长距离运行。但遇到地形、云,或者其他破坏绝热过程的情况,则等位温面的输送假设会受到影响(或不成立)。一些模式也提供等气压面或等高面的轨迹计算选项。在实际应用中需要根据研究的问题选用。

有两个例子可以提供长距离输送的时空尺度数量概念。一是非洲撒哈拉沙漠的沙尘暴,经常造成横跨大西洋的沙尘输送,该过程约需 4 天时间。另一个是中亚或中国西北部戈壁地区的沙尘暴,也会造成横跨太平洋的沙尘输送,大约需要 4~7 天时间。通过现代卫星观测,这些过程可以很清楚地展现出来。当然这些过程是比较极端的例子,但其时空影响范围可供参考。

7.2　酸雨

酸雨问题也和气象过程密切相关。其中就涉及污染物的长距离输送过程,因为有些酸雨的污染来源并不在本地。不过酸雨更多与云物理、化学、降水机制等有关。

需要说明的是,大气自然降水本身是弱酸性的,pH 值大约为 5.6。这是因为大气中的 CO_2 与降水形成的气液平衡态自然处于这个酸度。一般把 pH 值小于 5.6 的降水称为酸雨。自然界中一般物质的酸碱度可参看图 7.3。酸雨的 pH 值为 3~5,已经明显偏离自然状态。

[pH 值:是溶液中 H^+ 离子浓度的负对数。若 H^+ 离子浓度为 10^{-6},则 pH 值为 6。pH 值差 1,H^+ 离子浓度差一个数量级]

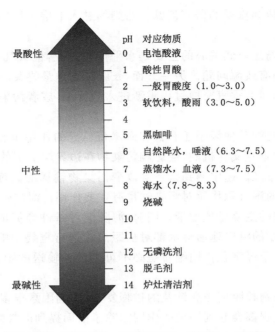

我们的身体里有酸，我们也吃酸、喝酸（如可乐、橙汁等），但强酸
（低pH值）能损害生物，强碱（高pH值）也是如此。

图 7.3　自然界物质的酸碱度(引自 Tessitore,1996)

人为排放的硫氧化物 SO_x 和氮氧化物 NO_x 是影响降水酸度、形成酸雨的主要因素。前者主要由燃煤排放,后者出自高温燃烧过程。控制硫氧化物的排放措施包括减少煤炭使用或者增加脱硫设施等。控制氮氧化物的排放则需改变燃烧工艺,降低燃烧温度。

影响酸雨的气象因子包括:污染物输送过程、云物理过程、硫和氮的干湿沉积过程等。酸雨涉及的其他方面则有:气溶胶物理和化学机制、大气化学;受降水影响的森林、湖泊生态环境;建筑材料和古迹的影响等等。酸雨也是引起跨界输送争议的问题之一。

酸雨问题的研究严重依赖于气象、扩散、化学模式的耦合。

7.3　臭氧层问题

地球大气平流层中对应着丰富的臭氧,称为臭氧层。臭氧层既是高层大气光化学反应的产物,同时它又反馈于所处的平流层,对维持平流层的逆温结构起重要作用。这是因为臭氧层强烈吸收太阳辐射中的短波成分,加热平流层,对该层的能量平衡有重要作用。臭氧层对紫外辐射的吸收则保护了地球表面的生态系统免于暴露于过强的辐射破坏。

> 紫外辐射或短波辐射为什么更具有破坏性?

图 7.4 显示了大气臭氧的垂直分布与温度分布的关系。可见臭氧层正好处于平流层的中下部,大约 20～30 km 处浓度最高。注意这里用到的浓度单位是臭氧分子数/cm^3。

图 7.5 显示了全球臭氧柱浓度的分布。可见臭氧在全球的浓度分布不均匀。总体呈低纬

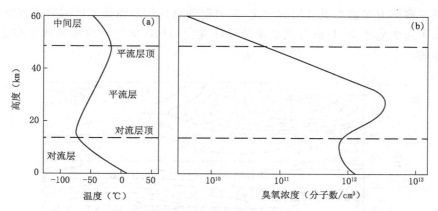

图 7.4 平流层温度与臭氧浓度的对应关系
(引自 Smith and Warr,1991)

度浓度较低、中纬度浓度增高、极地浓度又降低的趋势。从纬向分布来看,在北半球,大陆的东部浓度较高,西部较低。另外,高山地区臭氧柱浓度也较低,如青藏高原地区。图 7.5 中的柱浓度单位为 DU,陶普生单位(Dobson unit),是标准大气状态下 0.01 mm 臭氧层的厚度。因此,整个大气层的臭氧,如果全部带到海平面附近,在 0℃温度时,厚度大概为 3~4 mm。

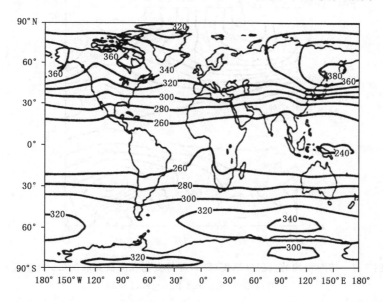

图 7.5 全球臭氧柱浓度(DU)分布(引自 Bowman and Krueger,1985)

图 7.6 进一步给出了纬圈平均的柱浓度随时间的变化。这是 1980 年以前的历史资料结果。对南北半球来说,都是夏半年浓度高,冬半年浓度低。浓度最高值出现在春季(北半球3—4月,南半球 9—10 月)。从南半球的结果,还能看出高浓度臭氧区随着时间向高纬和极地区域移动的倾向。但是,这种情况在 1980 年代出现了很大的变化。在南极地区臭氧浓度增高之前出现了一个浓度的骤然下降时段,使南极大陆暴露于臭氧洞中,如图 7.7。可见,10 月左右,南极臭氧浓度低于 260 DU。这就是著名的臭氧洞或臭氧层耗损(ozone depletion)问题。

　　虽然现在多用卫星监测臭氧层的变化,臭氧洞的发现却与南极地区的直接探空观测有关。图 7.8 给出了南极地区 10 月份臭氧浓度的逐年变化,1980 年代前的缓慢减小和之后的快速下降是明显的。

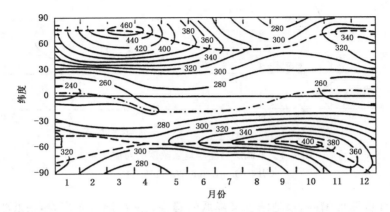

图 7.6　纬圈平均的臭氧柱浓度(DU)逐月变化(1980 年以前)

(引自 London,1980)

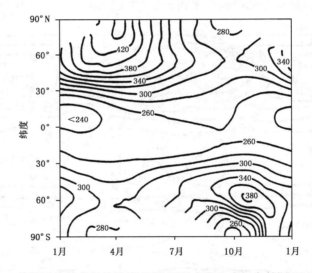

图 7.7　纬圈平均的臭氧柱浓度(DU)逐月变化和南极臭氧洞(1980 年代)

(引自 Bowman and Krueger,1985)

　　臭氧洞的出现引出一系列的问题,当然很多是化学—光化学方面的。气象方面的问题也很有挑战性。例如,臭氧耗损物质(污染物)是如何进入极地平流层大气的?为什么臭氧洞在南极出现?气象和其他条件类似的北极地区会怎样?伴随臭氧洞的气象机制是什么?等等。对这些问题的探讨,加深了学术界对冬季平流层极地涡旋(polar vortex)动力学的认识、对平流层云的认识、对两极高层大气气候条件差异的认识。也把平流层-对流层大气交换(strato-sphere-troposphere exchange)的问题推向了前台,因为臭氧耗损物质进入平流层的速度直接与臭氧耗损过程相关。

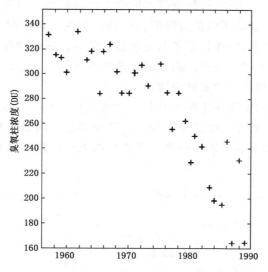

图 7.8　南极臭氧耗损的直接观测结果
（引自 Smith and Warr,1991）

　　虽然对臭氧耗损物质和耗损的原因有过争议,但实际观测给出了直接证据。图 7.9 是 1987 年 9 月中旬高空飞行观测的结果。特别装备的飞机在平流层臭氧洞的边缘作跨越飞行。这里也正好是平流层极涡的边缘。图 7.9 中显示,从低纬向高纬跨越极涡,臭氧浓度急剧降低,而臭氧耗损物质的化学反应产物急剧增加,呈极好的反相关。

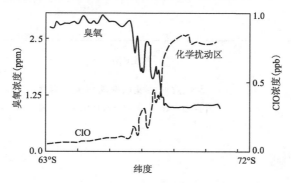

图 7.9　臭氧层破坏的直接证据
（引自 Smith and Warr,1991）

　　极涡在臭氧洞的形成中起到了关键的作用。一方面,极涡对内外空气有隔绝作用,阻止内外的物质交换,使臭氧耗损物质可以在极涡内充分进行化学反应,也使臭氧洞的边缘很清晰（浓度梯度很大）。另一方面,研究发现,臭氧耗损物质单独与臭氧的化学反应并不足以造成臭氧洞,而是南极冬季极涡中存在一种很独特的极地平流层云。低温的冰晶表面促成了臭氧损耗的化学反应过程。由于平流层的水汽极少,水汽结成冰晶形成云需要极低的温度。正是南极冬季极涡对外部的隔绝作用,使得极涡内的温度可以降低到这个程度。相对而言,北极冬季的极涡强度弱得多,极涡内的气温也较高。这就解释了为什么臭氧洞在南极出现的原因。可见，是化学(光化学)、大气动力学、云物理等不同学科共同解释了臭氧洞和臭氧耗损机制。

　　臭氧层对人类健康的影响可能最直接的是皮肤癌和白内障。图 7.10 显示了美国皮肤癌致死率与纬度的负相关关系，间接说明了与臭氧层的关系。低纬度地区臭氧层浓度较低(见图 7.5)，皮肤癌致死率高。我国白内障的高发病率集中在西藏地区，除了纬度因素以外，高山/高原地区臭氧柱浓度更小，可能是重要的原因。

　　平流层内臭氧的产生、输送和重新分布是一个重要的问题。平流层中臭氧的产生主要在低纬度，但实际分布则是中高纬度的浓度最大。其中必然有输送过程，而且主要向夏半球输送。该过程中当然还涉及臭氧的寿命问题。平流层的大气环流对臭氧输送应该起决定作用。对这方面的了解仍有限。

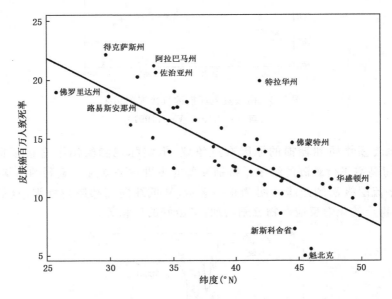

图 7.10　北美皮肤癌发病率随纬度的变化
(引自 Smith and Warr，1991)

7.4　气候变化问题

　　这一章介绍的都是宏大的问题，气候变化更是这样。要了解或研究气候变化，其实首先要知道"气候"，即多年平均的状态，然后才有资格论述它的变化。每年或每几年大气会有相对于气候平均态的偏差，成为不一定有规律的年际或多年变化。这些也不能与气候变化趋势混淆。

　　气候是地球大气系统能量平衡的结果。其中温室气体在地球大气能量的再分配方面起到特殊作用，对现有大气热量或温度的气候状态有决定性的影响。这也是为什么气候变化问题几乎总是与温室气体问题连在一起。

　　气候系统的组成大致如图 7.11 所示。大的方面包括大气、海洋、陆地，另外有海洋和陆地的冰雪子系统、生物系统、大气中的云以及人类作用等。各系统间通过物质、热量和辐射交换达成平衡。当然还有太阳辐射作为外源能量输入。

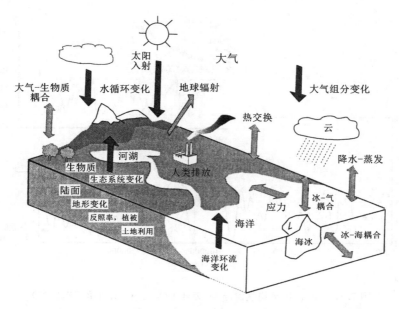

图 7.11　气候系统的组成(引自 Smith and Warr,1991)

温室气体主要有 CO_2,CH_4,NO_x,它们各占温室效应的约 55%,15% 和 6%。另外臭氧耗损物质 CFC 同时也是温室气体,一度占温室效应的 24%。水汽也是重要的温室气体,但空气中的水汽量变化很大。人类使用化石燃料使全球大气 CO_2 总量明显增加,将改变未来气候。最明显的当然是全球增温。伴随的其他后果则是极地冰盖减少、海平面升高;还可能引起极端天气增加、气候区移动,甚至出现气候突变。

其实地球气候系统是很稳定的,特别是全球气温,在过去 80 万年里维持在 13～14 ℃左右,变化幅度约 2 ℃,几乎保持了良好的"恒温"状态,如图 7.12。这些低温时期就是地质年代的"冰河期",与地球自转轴的长周期振荡变化有关。图中同时标出了过去 40 万年 CO_2 浓度的变化,与温度的变化有良好的正相关性。值得注意的是近代以来的 CO_2 浓度变化,突然超出了常规变化范围。气候系统对这种突变式外力的响应是值得高度关注的。这也是气候问题引起全球关注的原因。

作为一个复杂体系,地球气候的稳定性是由其内部的一系列负反馈路径达成的。例如,CO_2 增多,温室效应增强,导致气温升高。而气温高有可能使海面蒸发增加,云量和降水也增加。云量导致全球反射率增加,使到达地面的太阳辐射能量减少,达到降温的效果。降水的增加则使沉积效果增强,而温暖和高浓度的 CO_2 可能刺激生物系统的生长响应,吸收 CO_2,会使 CO_2 浓度降低。这样就造成了负反馈效果。由于全球行星反射率 30%,大部分与云的反射有关,可知云量在全球能量平衡中具有重要作用。

生物圈对 CO_2 浓度增加的响应如何,是影响气候变化的重要不确定因素之一。如果生物生长暴增,有可能减缓或对冲 CO_2 的增加趋势。这也是全球 CO_2 通量观测研究在过去几十年中大幅增长的原因。数百个通量观测站覆盖不同的地表植被条件,组成全球通量网(FLUX-NET),监测植物对 CO_2 吸收的碳汇作用。全球海洋对 CO_2 的作用仍有待研究。

另一个重要的温室气体是 CH_4,即甲烷或沼气。过去三百年间,甲烷的浓度增加了 3 倍,

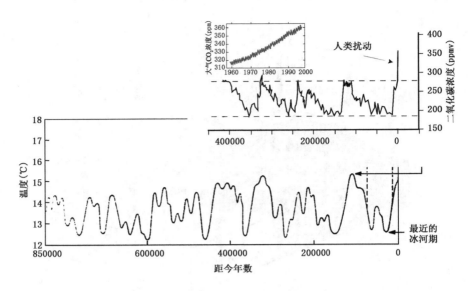

图 7.12　80 万年平均气温与 40 万年 CO_2 变化（引自 IGBP, 2001）

与人口的增长有很好的正相关。石油和天然气工业、农业生产、垃圾填埋等是主要的人为排放源。对这些源排放强度的观测仍是重要的课题，因为这是定量评估其温室效应的基础。甲烷的自然源排放与气候的相互作用也备受关注。值得一提的是高纬度寒冷地区的常年冻土带，可能随着全球增温而解冻。冻土中封存的大量甲烷则可能随之排入大气，加剧大气的温室效应。这是一个正反馈的过程，一旦启动，有可能后果严重。

　　气候变化问题比臭氧问题更为复杂，对人类社会也更具有挑战性。主要因为能源是现代社会生产生活的基础，而能源工业仍然严重依赖化石燃料。在经济社会发展和减缓气候变化影响和损失方面，人类面临艰难的抉择。

7.5　中国区域污染气象背景介绍

　　大气污染首先是一个化学问题。确定造成危害的是哪种污染物，这是化学家的工作。讨论污染浓度的变化和来源，才需要用到气象学知识。最初只是简单地把与污染有关的气象条件引进来，并进行统计分析，获得有利和不利污染条件的初步认识。边界层高度、风速、通风系数、降水等宏观气象参数与污染的关系受到关注，并试图建立空气污染潜势（air pollution potential）的气象学指标。更大尺度的不利天气条件则由静止天气指数（air stagnation index）定性描述。对这些参数的长期观测资料进行统计，就获得当地的污染气候特征（Zawar-Reza & Spronken-Smith, 2005）。欧美国家在二战后工业发展，大气污染问题突出，污染气候方面的研究快速开展并取得成果。例如，美国在 1960 年代就获得了全国大气边界层高度的统计特征，并构建静止天气指数、发布预报，尝试在重污染天气条件下指导企业减排。

　　其后，随着边界层和湍流扩散理论的发展，一套定量估算污染扩散的框架逐渐建立，形成本课程前述章节、也就是典型的污染气象学课程的内容。通过实验观测、理论和简单模式的结合，使小尺度大气扩散问题的定量描述成为可能，并获得广泛应用。这也为后来的空气质量模式奠定了基础。因为中尺度气象模式发展起来后,将边界层湍流扩散过程结合进来,加上化学过程,就成了空气质量模式。由于边界层和近地面大气的空气质量是最关心的,边界层湍流过程决定着空气质量模式的模拟能力。

中国在 1960—1970 年代工业化处于起步阶段,大气污染问题也没有得到应有的重视。相应的污染气候统计分析工作并没有与国际同步进行,留下了一些空白。1970 年代后期随着国家对外开放,当然也伴随大气污染问题的出现,污染气象学研究与应用也快速与世界接轨。其后基于中尺度气象模式的空气质量模拟也快速引入国内,引发了新一轮的应用和研究热潮。可见,国内在小尺度和中尺度大气扩散问题上的研究和应用基本上是和国外同步的,但对大范围、全国性的污染气候学研究却有些“缺课”。这使研究者往往不能快速掌握全局性或某一地区的污染气候背景信息。近年一些研究者在这方面开展了部分“补课”性质的工作,例如对全国静止天气、边界层高度、小风条件、逆温层特性、大气传输特性、污染潜势等方面的统计分析。本节介绍这些方面的部分结果。

7.5.1　中国分区大气输送特征

大气输送特征是最基本的污染气象条件。将全中国划分为 10 个大的区域,计算各大区域出发的轨迹,统计轨迹的平均分布,可以了解该区污染物的总体输送特征。10 个大区域的名称分别为:新疆区、内蒙古区、青藏区、东北区、环渤海区、中部区、中南区、西南区、华东区和华南区。将全国范围按 $1° \times 1°$ 的经纬度划分网格,按网格计算轨迹,然后合并入 10 个大区,估算该大区的总体输送情况。

对一段时间的轨迹求和,获得时间平均的轨迹频率空间分布。由此轨迹频率场即可反映大气的扩散输送概率分布,用于判断区域大气扩散输送特性。具体计算公式为:

$$f_k(x,y) = \frac{1}{M \cdot N} \sum_{j=1}^{M} \sum_{i=1}^{N} n_{ij}(x,y) \tag{7.1}$$

式中,$f_k(x,y)$ 为整个第 k 区域对空间(x,y)点的无因次轨迹频率,$n_{ij}(x,y)$ 为第 k 区第 i 时刻第 j 个轨迹释放点释放的轨迹落到空间(x,y)点的次数。N 反映统计的时间长度(取为 96 h),M 为 k 区域的总释放点数。由此给出的轨迹频率场,在频率值大的地点则反映:①轨迹多通过此点,可能为输送的主要路径;②轨迹在此点多滞留,扩散能力较弱,有利于污染物累积。

总结全国各地区的大气扩散输送形态,归纳为如下七大类。前两类为,①北方类:包括新疆区、内蒙古区和中部区。此类地区年平均大气输送以偏东至东南偏东为主,季节变化明显,冬春秋三季偏东和东南方向的输送较强,夏季扩散则局限于本区内和周边地区。北方类中,中部区有所不同的是冬季有较强的局部累积效应。②高原类:包括青藏区和西南区。此类的显著特点是有强烈的自西向东输送。冬春秋三季,青藏区这一特点最为典型,西南区稍弱。夏季则以本区内及周边输送为主。西南区的四川盆地在夏秋两季局地累积效应较强。其他 5 类实际为对应各分区自成一类,即,③东北类:对应东北区。此类以强烈的东南和偏东出境输送为主,冬季最为明显,春秋次之。夏季向南和西南的影响有所增加,可影响到京津渤地区。④环渤海类:对应环渤海区。此类总体以偏东输送为主,但有明显季节变化,秋冬季输送影响范围南压,春夏季则主要为偏东北方向输送。⑤中南部类:对应中南区。扩散输送没有主导的方向,局地累积效应严重。⑥华东类:对应华东区。以沿海岸线扩散为其重要特征。冬季有向西深入内陆的输送分支,夏季主要向北和东北方向输送;秋冬两季有较明显的局地累积效应。

⑦华南类:对应华南区。以向北方向输送为主,可影响到长江以北沿岸省份。夏季影响可达山东东部;而冬季影响往南收缩,并有部分西南出境输送成分。

全国各区的输送都有明显的季节变化,总体以冬、夏分为不同形态,但春秋季大部分带有冬季输送的特色,多偏东南的输送。只有夏季表现为完全不同的形态,有偏北的输送。当然各区又有自身的特点,如渤海区,冬季以偏东和东南方向输送为主,其他三季都有偏东北的输送分量。受夏季季风系统的影响,夏季的偏北输送更为明显。而内陆的新疆区和位于高原的青藏区,夏季都会变得较为闭塞,向外的扩散输送很弱,以区域内部和周边的相互输送为主。这部分内容在霍庆等(2012)的论文中有详细介绍并有图形显示的结果。

7.5.2　污染气象分项特征

(1)小风特征

小风和静风是不利的污染气象条件,可能导致污染物在局地累积、发展为重污染过程。图7.13 是全国范围内 300 多个地面站 30 年观测资料的小风($\bar{u}<2$ m/s)频率分布。结果显示,全国平均低风速出现频率约 40%。空间上,西南和华中大部分地区低风速频率较高(高于50%),云南南部大于 70%;华北东部沿海地区、东北中部地区和内蒙古大部分地区较小(低于30%)。注意四川—重庆地区为一个小风多发区。

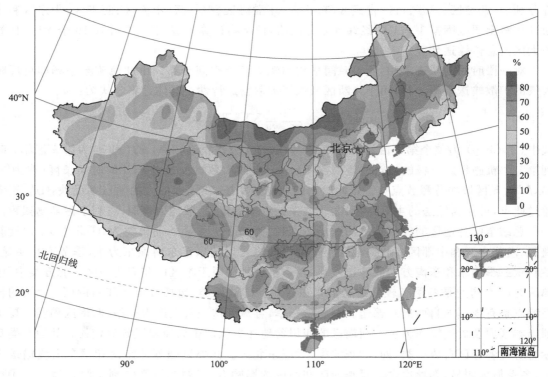

[彩]图 7.13　中国 1985—2014 年平均低风速频率分布
(引自郭梦婷 等,2016)

(2)日最大边界层高度

午后的最大边界层高度代表一天中最大的垂直扩散尺度,可作为污染气象条件的一个参考指标。图 7.14 为根据全国近百个探空站 30 年观测数据计算的最大边界层高度（H）的年均分布。可见边界层高度与地形分布吻合良好。青藏高原的 H 值最大,约 2500 m。云贵等邻近高原区 H 次之,约 1700 m。北方大部地区 H 值～1500 m。江南—华南一带,H 为 1000～1100 m。最低值出现在长江中下游地区、台湾南部和海南,约 1000 m。当然这一参数也有季节变化。

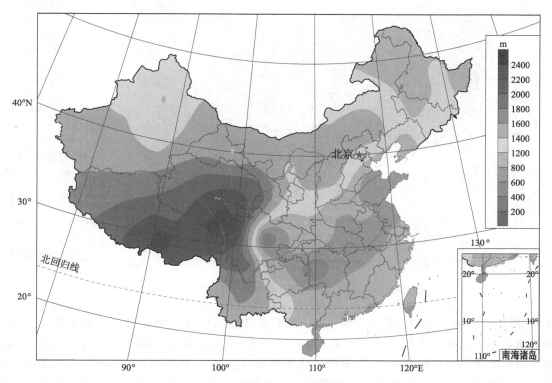

[彩]图 7.14　日最大边界层高度年均分布(1984—2013 年)

（3）边界层通风系数

边界层通风系数是边界层高度 H 与平均风速 U 的乘积,记为 V,对大气扩散有重要意义。从陷阱型高斯烟流公式可知,污染扩散的浓度最终与通风系数成反比,$c \propto \dfrac{1}{UH}$。因此通风系数也是与浓度定量化最接近的参量。边界层高度和平均风速都有日变化,因此通风系数也应该有日变化。由于常规探空资料一天只有 2 次,难以获得边界层日变化结果。图 7.15 只给出日最大边界层高度对应的通风系数,也可看出一些有意义的结果。总体上,通风系数与边界层高度和平均风速的分布有类似之处,但也不完全相同。通风系数大值区（$V > 12000$ m²/s）主要在青藏高原中部、西南高原、内蒙古中东部;低值区（$V < 8000$ m²/s）在新疆北部、西部和中国东南部地区;最小通风系数（约 5000 m²/s）覆盖重庆、湖北,以及周边省份部分地区。所以东部的内陆地区和新疆地区都是扩散条件较差的。青藏高原和内蒙古—渤海一线扩散条件较好。

（4）大气污染潜势特征

污染潜势是指同样污染源条件下,因为气象条件的变化而可能造成不同程度的污染（浓

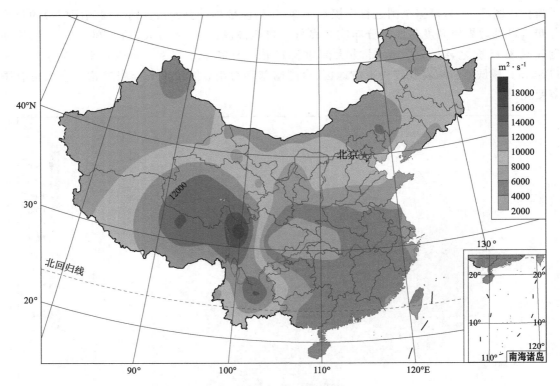

[彩]图 7.15　边界层通风系数年均分布(1984—2013 年)

度)。所以污染潜势也称污染的气象潜势。有很多方法试图建立污染潜势的定量表达。通风系数就是一个很好的参数。但与很多其他方法一样,通风系数也是单个时刻的、局地的参量。而污染扩散是一个拉格朗日过程,最终形成的污染浓度是经过污染物此前时空变化输运的结果。污染物到达关心地点之前经历的累积作用是局地气象参数无法反映的。积分印痕可以从受体角度表达上风向潜在源造成的浓度,是污染潜势的良好指标。需要用数值模拟方法确定每个地点的积分印痕。

印痕是均匀源强条件下,各地对受体点浓度的贡献率。假设有空间均匀分布的单位源强,则由印痕公式:

$$c(0,0,z_m) = \iint_{-\infty}^{\infty} \iint_{-\infty}^{\infty} Q(x,y,0) f(x,y,z_m) \mathrm{d}x\mathrm{d}y \tag{7.2}$$

定义污染潜势 F:

$$F(0,0,z_m) = \iint_{-\infty}^{\infty} \iint_{-\infty}^{\infty} (Q(x,y,0) \equiv 1) f(x,y,z_m) \mathrm{d}x\mathrm{d}y$$

$$= \iint_{-\infty}^{\infty} \iint_{-\infty}^{\infty} f(x,y,z_m) \mathrm{d}x\mathrm{d}y \tag{7.3}$$

式中 Q 为面源源强,在导出污染潜势 F 时令 $Q=1$。f 是印痕函数,由气象过程决定,可用数值模拟方法计算。可见积分印痕 F 反映了单位地面源强造成的受体点的污染浓度,同时印痕函数又完整反映了扩散过程。气象条件变化,积分印痕也变化,可以反映污染潜势的时间变化。对不同地点,积分印痕的差异不受实际排放源的干扰,仅为气象因素和扩散条件的结果,因此便于空间上的相互比较。

用轨迹模式对全国 1°×1°的经纬度网格逐点计算印痕,统计 13 年的积分印痕获得的年均污染潜势分布。结果与通风系数分布有一定的相互印证关系。中国东部的内陆地区都具有相对高的污染潜势。另一个重点是新疆中西部盆地。东北北部污染潜势也较高。低值区为青藏高原和内蒙古中东部。值得注意的是华北地区,污染潜势具有较大的南北梯度,说明南部气象条件本身更易于形成污染。北京正处于从华北到内蒙古、污染潜势从高到低的过渡带。这一结果从气候统计的角度说明北京的污染往往从南面而来,即使不考虑污染源排放强度的差异。因为北京以南地区更易于污染浓度累积,一旦有偏南风出现就会造成向北的输送。

污染潜势研究当然需要反映现实。理想的印痕统计结果有两点现实因素需进一步考虑,一是沿海地区的印痕可能来自海面,而海上的污染排放几乎可以忽略;二是全国降水的时空分布不均,对污染物的沉积作用也需要考虑。将这两方面的影响考虑进积分印痕的计算,获得修正后的污染潜势分布如图 7.16(图中单位为 h/km)。这样,沿海地区污染潜势明显减小,而且整个东部地区也受到影响,高污染潜势区进一步向内陆收缩。西部和北部地区基本不变。这样修正后的污染潜势分布应该对全国实际情况有更好的代表性,特别是对大气颗粒物污染情况。

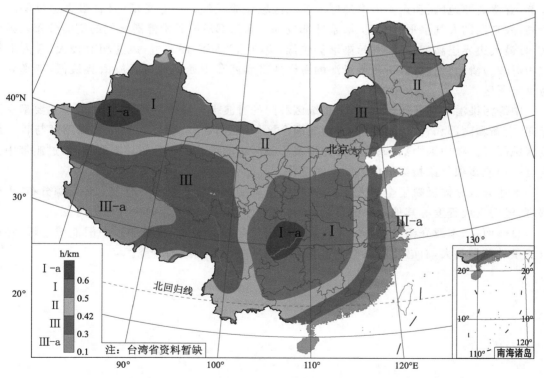

[彩]图 7.16 基于污染潜势分布的全国大气环境分区(引自 Yu et al.,2019)
(Ⅰ 最易污染;Ⅱ 中等;Ⅲ 不易污染)

(5)大气环境分区

对大气环境进行区划,可为分区管理提供技术支撑。传统的大气分区主要集中在气候分区、气象要素（如风速、温度等）分区以及大气污染分区。从污染的角度对大气扩散自然背景条件进行区划是很有意义的。以积分印痕为指标的污染潜势，不仅包含决定污染水平的当地信息，还包含污染扩散过程的来源和累积信息，作为环境区划指标十分有利。图 7.16 同时也是利用修正后的积分印痕作为污染潜势的指标对全国大气环境背景的区划。图中结果是采用分级区划的方法，设置临界值分别为积分印痕 $F < 0.42$ h/km，0.42 h/km $< F < 0.5$ h/km 和 $F > 0.5$ h/km，将全国分为易形成污染（Ⅰ级，橙色区域）、中等（Ⅱ级，黄色区域）和不易形成污染（Ⅲ级，蓝色区域）3 个区。其中Ⅰ级和Ⅲ级区中又分出Ⅰ-a 和Ⅲ-a 子区，分别代表污染潜势最高和最低的区域。

根据分区结果，全国范围内有三处Ⅰ级区，分别为中国中部内陆地区、新疆中北部和东北北部。中部地区以成渝为中心，涵盖周边多个省份。该区域各项指标均不利于大气污染物扩散，如小风频率、停滞天气频率和大气污染潜势均为全国最高值，日最大边界层高度为全国最低值。新疆中北部地区是全国大气污染潜势最高的区域之一，小风频率较高且停滞天气频发，其自然条件也非常不利于污染物的扩散，易形成污染。东北北部地区小风频率和停滞天气频率均为全国中等水平，然而大气污染潜势却显示较高的值，应该是包含了污染累积效应的结果。Ⅰ级区中的成渝和新疆中西部地区污染潜势最高，特别划出为Ⅰ-a 子区。

全国不易形成污染的Ⅲ级区域可根据具体气象要素特征分为三处：内蒙古东北部—东北南部、青藏高原地区、和东南沿海地区。前二区域停滞天气频率非常低，且日最大边界层高度较高，故它们的大气水平、垂直扩散条件都较好。东南部沿海省份停滞天气的空间分布差异较大，日最大边界层高度较低，其污染潜势较低，主要因为距海洋较近，风速相对较大，且海上空气相对较为清洁。Ⅲ级区中东南沿海的海岸地带和西藏中西部地带污染潜势最低，特别划出为Ⅲ-a 子区。

中等污染潜势的Ⅱ级区域为Ⅰ、Ⅲ级区域间的过渡带。在中国西部，该过渡带主要呈东西走向，沿新疆南部和青藏高原边缘将南北两个区域隔开；在东北地区，则把较高纬度与较低纬度区域隔开。在中国中部，该过渡带为围绕Ⅰ级区域的带状闭合分布。需要指出，过渡带中往往有一项或多项气象指标呈急剧的空间变化。

上述分区总体反映了全国大气扩散、污染潜势的自然背景状况。叠加上污染源分布、人口密度、经济发展程度等其他因素的影响，就可以定性判断不同区域的大气污染特征。

总体而言，本章介绍的污染气候研究结果仍然是较为宏观、粗糙的。中国地域辽阔，各地自然条件差异很大，有必要对典型地区和关心区域进行更细致的研究。

参考文献

郭梦婷,蔡旭晖,宋宇,2016.全国低风速气象特征分析[J].北京大学学报,52(3):219-226.

郭昱,蔡旭晖,刘辉志,等.2002.北京地区大气中尺度扩散模态和时间特征分析[J].北京大学学报(自然科学版),38(5):705-712.

胡洵,蔡旭晖,宋宇,康凌,2020.关中盆地近地面风场和大气输送特征分析[J].气候与环境研究,25(6):637-648.

《环境科学大词典》编辑委员会,1991.环境科学大词典[M].北京:中国环境科学出版社.

霍庆,蔡旭晖,宋宇,等,2012.全国大气扩散输送模态与区划研究[J].环境科学学报,32(2):360-366.

蒋维楣,曹文俊,蒋瑞宾,2003a.空气污染气象学教程[M].北京:气象出版社.

蒋维楣,孙鉴泞,王雪梅,等,2003b.空气污染气象学[M].南京:南京大学出版社.

康凌,张宏升,王志远,陈家宜.2011.不同下垫面大气稳定度分类方法的对比研究[J].北京大学学报,47(1):66-70.

李宗凯,潘云仙,孙润桥,1985.空气污染气象学原理及应用[M].北京:气象出版社.

梁必骐,1995.天气学教程[M].北京:气象出版社.

盛裴轩,毛节泰,李建国,等,2013.大气物理学(2版)[M].北京:北京大学出版社.

司马光,2015.资治通鉴[M].武汉:长江文艺出版社.

新田尚,立平良三,市桥英辅,1997.最新天气预报技术[M].宁松,等,译.北京:气象出版社.

宣捷,2000.大气扩散的物理模拟[M].北京:气象出版社.

张振州,蔡旭晖,宋宇,康凌,2014.海南岛地区海陆风的统计分析和数值模拟研究[J].热带气象学报,30(2):270-280.

周淑贞,1997.气象学与气候学[M].北京:高等教育出版社.

AHRENS C D, 1988. Meteorology Today[M]. St Paul: West Publishing Company.

ARYA S P, 1998. Air Pollution Meteorology and Dispersion[M]. New York: Oxford University Press.

BLACKADAR A K, 1997. Turbulence and Diffusion in the Atmosphere[M]. Berlin: Springer-Verlag.

Board on Atmospheric Sciences and Climate, Commission on Geosciences, Environment, and Resources, National Research Council (USA), 1998. The Atmospheric Sciences: Entering the Twenty-First Century[M]. Washington: National Academy Press.

BOWMAN K P, KRUEGER A J, 1985. A global climatology of total ozone from the Nimbus 7 Total Ozone Mapping Spectrometer[J]. J Geophys Res, 90: 7967-7976.

CAI X H, SONG Y, ZHU T, et al, 2007. Glacier winds in the Rongbuk Valley, north of Mount Everest: 2. Their role in vertical exchange processes[J]. J Geophys Res, 112, D11102.

DABBERDT W F, CARROLL M A, BAUMGARDNER D, et al, 2003. Meteorological Research Needs for Improved Air Quality Forecasting[R]. Report of the 11th Prospectus Development Team of the U. S. Weather Research Program. Final Report of PDT-11.

DE WEKKER S F J, KOSSMANN M, 2015. Convective boundary layer heights over Mountainous Terrain — A review of concepts[J]. Front Earth Sci, 3:77. doi: 10.3389/feart.2015.00077.

DRAXLER R R, 1976. Determination of atmospheric diffusion parameters[J]. Atmos Environ, 10:99-105.

EAGLEMAN J R, 1991. Air Pollution Meteorology[M]. Kansas: Trimedia Publishing Company.

FOKEN T, 2008. Micrometeorology[M]. Berlin: Springer-Verlag.

GARRATT J R, 1992. The Atmospheric Boundary Layer[M]. Cambridge: Cambridge University Press.

GRYNING S E, 1981. Elevated Source SF_6—Tracer Dispersion Experiments in the Copenhagen Area[R]. DK-4000 Roskilde, Denmark: Rise National Laboratory. Report No. RISO-R-446.

HANNA S R, BRIGGS G A, HOSKER Jr R P, 1982. Handbook on Atmospheric Diffusion[R]. Oak Ridge, TN (USA): National Oceanic and Atmospheric Administration. Atmospheric Turbulence and Diffusion Lab. Report No. DOE/TIC-11223.

HAUGEN A. 1984. 微气象学[M]. 李兴生,等,译. 北京: 科学出版社.

HEIDORN K C, 1979, A chronology of important events in the air pollution meteorology till 1970[J]. Bulletin of American Meteorological Society, 59(12): 1589-1597.

HINZE J O, 1975. Turbulence[M]. 2nd edition. New York: McGraw-Hill Inc.

HOLTON J R, 1992, An Introduction to Dynamic Meteorology[M]. New York: Academic Press Inc.

HOLTON J R, HAKIN G J, 2013. An Introduction to Dynamic Meteorology[M]. Oxford: Academic Press.

HOLZWORTH G C, 1972. Mixing Heights, Wind Speeds, and Potential for Urban Air Pollution throughout the Contiguous United States, Research Triangle Park[R]. North Carolina: Environmental Protection Agency, Office of Air Programs. Report No. AP-101.

IGBP, 2001. An integrated earth system [J]. IGBP Science, 4: 4-6.

KORMANN R, MEIXNER F X, 2001. An analytic footprint model for neutral stratification[J]. Boundary-Layer Meteorol, 99:207-224.

LAZARIDIS M, 2011. First Principles of Meteorology and Air Pollution[M]. Dordrecht: Springer Science+Business Media.

LONDON J, 1980. The observed distribution and variations of total ozone[Z]//Nicolet M, Aikin A C, eds. Proceedings of the NATO Advanced Study Institute on Atmospheric Ozone. Washington D C: US Dept of Transportation: 31-44.

LUTGENS F K, TARBUCK E J, 2013. The Atmosphere: An Introduction to Meteorology[M]. Boston: Pearson Education Inc.

MANINS P C, 1979. Partial penetration of an elevated inversion layer by chimney plumes[J]. Atmos Environ, 13:733-741.

MORAN J M, MORGAN M D, 1989. Meteorology[M]. New York: Macmillan Publishing Company.

NIEUWSTADT F T M, DOP H V, Eds, 1984. Atmospheric Turbulence and Air Pollution Modelling[M]. Dordrecht: D Reidel Publishing Company.

PACK H D, 1964. Meteorology of air pollution[J]. Science, 146(3638):119-1128.

PANOFSKY H A, 1969. Air pollution meteorology[J]. American Scientist, 57(2): 269-285.

PASQUILL F, 1972. Some aspects of boundary layer description[J]. Q J R Meteorol Soc, 98: 469-494.

PASQUILL F, 1974. Atmospheric Diffusion[M]. Chicester: John Wiley and Sons.

PASQUILL F, SMITH F B, 1983. Atmospheric Diffusion[M]. 3 Edition. West Sussex, England: Ellis Horwood Limited.

PEIXOTO J P, OORT A H, 1992. Physics of Climate[M]. New York: Springer-Verlag New York Inc.

SCHMID H P, 1994, Scource areas for scalars and scalar fluxes[J]. Boundary Layer Meteorology, 67: 293-318.

SCHNELLE K B, DEY P R, 2000. Atmospheric Dispersion Modeling Compliance Guide[M]. New York: McGraw-Hill.

SEINFELD J H, 1986. Atmospheric Chemistry and Physics of Air Pollution[M]. New York: Wiley-Interscience.

SLADE D, ed, 1968. Meteorology and Atomic Energy[R]. Oak Ridge, Tennessee: US Atomic Energy Commission NTIS Report TID-24190.

SMITH P M, WARR K, 1991. Global Environmental Issues[M]. London: Hodder & Stoughton.

SORBJAN Z, 2003. Air Pollution Meteorology. Chapter 4 of Air Quality Modeling—Theories, Methodologies, Computational Techniques, and Available Databases and Software. Vol. I—Fundamentals[M]. Zannetti P, Ed. Pittsburgh: Published by the Air & Waste Management Association. https://www.awma.org/store_product.asp? prodid=117.

STEENEVELD G J, HOLTSLAG A A M, 2009. Meteorological Aspects of Air Quality, in Air Quality in the 21st Century[M]. Romano G C, Conti A G, eds. New York: Nova Science Publishers: 67-114.

STULL R B, 1988. An Introduction to Boundary Layer Meteorology[M]. Dordrecht: Kluwer Academic Publishers.

TAYLOR G I, 1921. Diffusion by continuous movements[J]. Proc London Math Soc Ser, 2(20):196.

TENNEKES H, LUMLEY J L, 1972. A First Course in Turbuence[M]. Combridge: The MIT Press.

TESSITORE J, 1996. Air: The Invisible Resource[M]. Danbury: Grolier Educational Corporation.

THOMSON D J, 1987. Criteria for the selection of stochastic models of particle trajectories in turbulent flow [J]. J Fluid Mech, 180: 529-556.

VAN DER HOVEN I, 1957. Power spectrum of horizontal wind speed in the frequency range from 0.0007 to 900 cycles per hour[J]. J Meteorology 14: 160-164.

VENKATRAM A, WYNGAARD J C, 1988. Air Pollution Modeling[M]. Boston: American Meteorological Society.

WASHINGTON W M, PARKINSON C L, 1986. 三维气候模拟引论[M]. 马淑芬,等,译. 北京:气象出版社.

WHELPDALE D M, MOODY J L, 1990. Large-scale meteorological regimes and transport processes[M]// Knap A H, Kaiser M S. The Long-Range Atmospheric Transport of Natural and Contaminant Substances. Dordrecht: Kluwer Academic Publishers:3-36.

WHITEMAN C D, 2000. Mountain Meteorology[M]. Oxford: Oxford University Press.

WYNGAARD J C, 1990. Scalar fluxes in the planetary boundary layer—theory, modeling, and measurement [J]. Boundary-Layer Meteorology,50: 49-75.

WYNGAARD J C, 2010. Turbulence in the Atmosphere[M]. Cambridge: Cambridge University Press.

YU M Y, CAI X H, XU C M, SONG Y, 2019. A climatological study of air pollution potential in China[J]. Theoretical and Applied Climatology, 136: 627-638.

ZANNETTI P, 1990. Air Pollution Modelling, Theories, Computational Methods and Available Software [M]. New York: Van Nostrand Reinhold.

ZAWAR-REZA P, SPRONKEN-SMITH R, 2005. Air Pollution Climatology, in Encyclopedia of World Climatology[M]. Oliver J E, ed. Dordrecht: Springer:21-32.

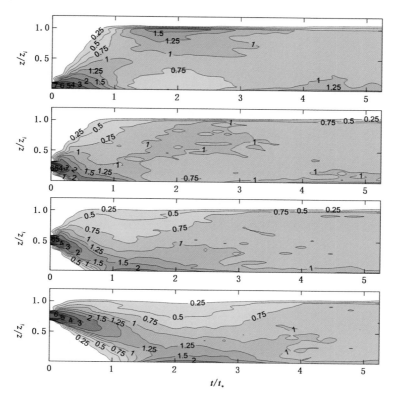

图 4.13 对流边界层大涡模式结合随机粒子模式模拟的扩散结果

(a)$h_s/z_i=0.06$；(b)$h_s/z_i=0.25$；(c)$h_s/z_i=0.5$；(d)$h_s/z_i=0.75$

（图中为无因次浓度分布，h_s 为源高）

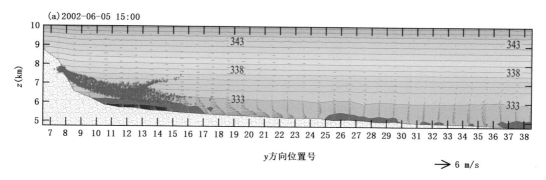

图 6.21 珠穆朗玛峰的冰川下坡风模拟实例：位温、风矢量和扩散示踪粒子

（引自 Cai et al.，2007）

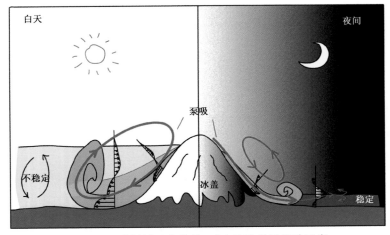

图 6.22　冰川风日夜维持,对应的边界层流动示意

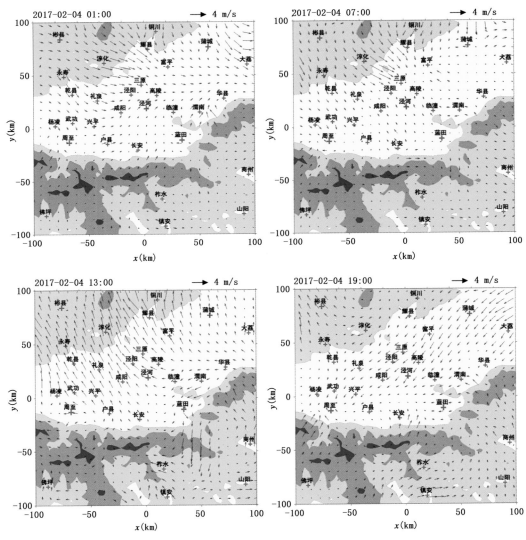

图 6.24　西安—渭河盆地的典型风场日变化(引自胡淘 等,2020)

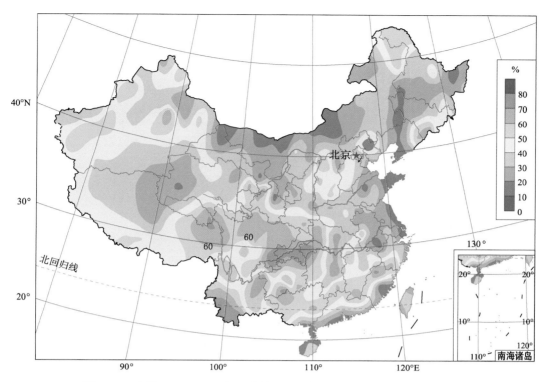

图 7.13　中国 1985—2014 年平均低风速频率分布(引自郭梦婷 等,2016)

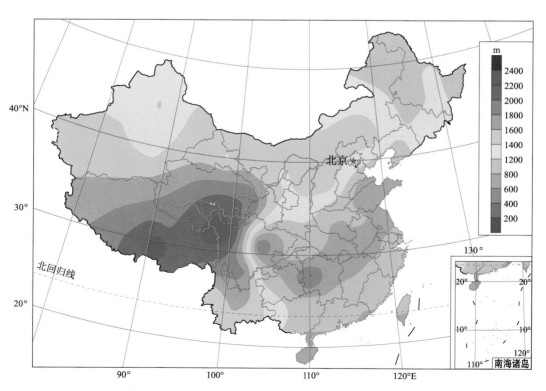

图 7.14　日最大边界层高度年均分布(1984—2013 年)

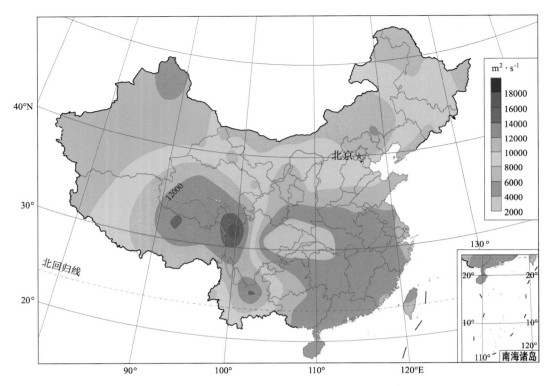

图 7.15　边界层通风系数年均分布(1984—2013 年)

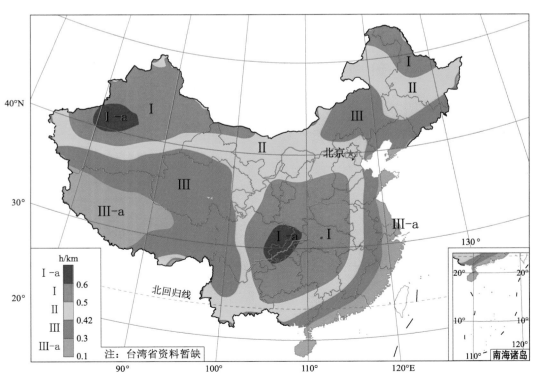

图 7.16　基于污染潜势分布的全国大气环境分区(引自 Yu et al. , 2019)

（Ⅰ最易污染；Ⅱ中等；Ⅲ不易污染）